广东湛江红树林国家级自然保护区常见海洋动物图谱

Atlas of Common Marine Animals in the Zhanjiang Mangrove
National Nature Reserve

吴晓东　吴仁协　初庆柱◎主　编

中国海洋大学出版社

·青岛·

图书在版编目（CIP）数据

广东湛江红树林国家级自然保护区常见海洋动物图谱 /
吴晓东，吴仁协，初庆柱主编 . -- 青岛：中国海洋大学
出版社，2024. 11. -- ISBN 978-7-5670-4041-0

Ⅰ. Q958. 526. 53-64

中国国家版本馆 CIP 数据核字第 2024US1745 号

GUANGDONG ZHANJIANG HONGSHULIN GUOJIAJI ZIRAN BAOHUQU CHANGJIAN HAIYANG DONGWU TUPU

广东湛江红树林国家级自然保护区常见海洋动物图谱

出版发行	中国海洋大学出版社		
社　　址	青岛市香港东路 23 号	**邮政编码**	266071
出 版 人	刘文菁		
网　　址	http://pub. ouc. edu. cn		
电子信箱	94260876@qq. com		
订购电话	0532-82032573（传真）		
责任编辑	孙玉苗　李　燕	**电　　话**	0532-85901040
印　　制	青岛国彩印刷股份有限公司		
版　　次	2024 年 11 月第 1 版		
印　　次	2024 年 11 月第 1 次印刷		
成品尺寸	170 mm × 240 mm		
印　　张	12		
字　　数	248 千		
印　　数	1～1000		
定　　价	168. 00 元		

发现印装质量问题，请致电 0532-58700166，由印刷厂负责调换。

《广东湛江红树林国家级自然保护区
常见海洋动物图谱》

主　　编　吴晓东　　吴仁协　　初庆柱

参编人员　刘一鸣　　陈菁菁　　郭　欣　　林海湘

　　　　　　　曾晓雯　　王学锋　　曹剑香　　吴耀华

　　　　　　　梁镇邦　　雷凤玲

内 容 简 介

    《广东湛江红树林国家级自然保护区常见海洋动物图谱》是基于2023年广东湛江红树林国家级自然保护区海洋生物调查工作编撰的一部原色图谱。书中记叙了广东湛江红树林国家级自然保护区常见的162种动物，这些动物分隶于5门9纲24目78科，其中环节动物和星虫动物均有1纲1目1科1种，软体动物有2纲9目23科60种，节肢动物有3纲4目19科32种，鱼类有2纲9目34科68种。书中介绍了这些动物的中文名、学名、俗名、英文名、分类地位、鉴定特征、地理分布、生态习性、经济价值、濒危等级等，并附有物种的彩色照片。本书是保护区生物资源管护和监测的重要基础资料，适于从事海洋生物与渔业、海洋生态环境保护及研究的工作者和管理者参阅。

前 言

Preface

　　广东湛江红树林国家级自然保护区（简称湛江红树林保护区）地处广东省西南部湛江市雷州半岛沿海滩涂，总面积 20278.8 公顷，是我国红树林面积最大的自然保护区。湛江红树林保护区拥有非常丰富的野生动植物资源，包括众多的红树林植物、海洋无脊椎动物、海洋及河口鱼类、鸟类等，是我国生物多样性保护的关键性地区和国际湿地生态系统就地保护的重要基地。

　　红树林生态系统是广东省海岸带重要的景观生态系统，湛江红树林保护区是湛江市建设"红树林之城"和实施绿色低碳高质量发展之路的重要实践基地。因此，加强保护区生物资源调查及监测是保护湛江红树林生物多样性与生态系统、建强红树林科普教育阵地的一项重要基础性科学研究和应用工作。基于此认识，我们整理了 2023 年湛江红树林保护区海洋生物调查采集的动物标本，并组织专业人员查阅国内外海洋动物系统分类学研究资料和国际权威数据库记载的信息，最终编撰成一本原色图谱以展示湛江红树林保护区海洋动物的丰富度和多样性保护成效。本书共介绍了湛江红树林保护区常见的 162 种动物，列出了每种动物的名称、分类地位、鉴定特征、地理分布、生态习性、经济价值等信息。本书图文并茂，通俗易懂，既有学术性，又兼具科普性，适于从事海洋生物与渔业、海洋生态环境保护及研究的工作者和管理者参阅。

　　本书的编写和出版得到了广东湛江红树林国家级自然保护区管理局调查项目"广东湛江红树林国家级自然保护区海洋生物多样性调查"（No.B23068）、国家自然科学基金面上项目"中国近海带鱼科鱼类分类与系统进化研究"（No.31372532）和广东省高等学校优秀青年教师培养计划项目"北部湾鱼类 DNA 条形码资源库构建"（No.Yq2013093）的共同资助。由于作者水平、标本收集数量有限，书中难免有错漏之处，恳请各位读者批评指正。

编　者

2024 年 8 月

目　录

Contents

一、环节动物

二、星虫动物

三、软体动物

四、节肢动物

五、鱼类

一、环节动物

多毛纲 Polychaeta

1. 双齿围沙蚕 *Perinereis aibuhitensis*（Grube，1878）

俗　　名　海蚂蟥、海蜈蚣

分类地位　环节动物门 Annelida 多毛纲 Polychaeta 游走目 Eunicida 沙蚕科 Nereididae 围沙蚕属 *Perinereis*

鉴定特征　体呈翠绿色或黄绿色。口前叶似梨形，前部窄，后部宽。口部有发达的钩状颚齿。触手稍短于触角。两对眼呈倒梯形排列于口前叶的中后部。

地理分布　在中国沿海均有分布。

生态习性　喜栖于潮间带泥沙滩，亦见于红树林群落中，食其他蠕虫及藻类。

经济价值　双齿围沙蚕是我国潮间带河口泥沙滩上的优势种，为底层鱼类及甲壳动物的重要生物饵料，也是我国沿海河口区养殖沙蚕种类之一。

二、星虫动物

革囊星虫纲 Phascolosomatidea

2. 弓形革囊星虫 *Phascolosoma arcuatum*（Gray, 1828）

分类地位　星虫动物门 Sipuncula 革囊星虫纲 Phascolosomatidea 革囊星虫目 Phascolosomatida 革囊星虫科 Phascolosomatidae 革囊星虫属 *Phascolosoma*

鉴定特征　吻部细长，管状。体表被有许多圆锥状乳突，其上具角质小板，呈棕褐色。项触手位于口的背侧，呈半环形或马蹄形围绕项器。纵肌束18～19束，条次分明，偶见分支。环肌成束。

地理分布　在中国沿海均有分布。

生态习性　多生活在高潮区和潮上带的盐碱性草丛及泥沙中。

经济价值　弓形革囊星虫是闽南地区美食"土笋冻"的重要原料，美味可口，营养价值高。

三、软体动物

腹足纲 Gastropoda

3. 龟嫁蝛 *Cellana testudinaria*（**Linnaeus，1758**）

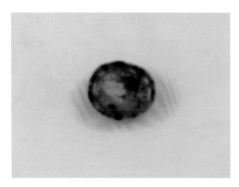

英 文 名　Common Turtle Limpet

分类地位　软体动物门 Mollusca 腹足纲 Gastropoda 原始腹足目 Archaeogastropoda 花帽贝科 Nacellidae 嫁蝛属 *Cellana*

鉴定特征　壳呈卵圆形，较大，笠状，低平。壳顶钝，近前方。有环状的外套鳃，位于外套膜和足部之间，无本鳃。壳表面黄褐色，有褐色或绿色的放射状色带或斑块，生长纹较明显。壳内面呈银灰色，壳缘具黑褐色镶边。

地理分布　在中国南海有分布。

生态习性　生活在潮间带中、低潮区的岩礁间。

经济价值　可食用，亦可作为装饰物。

4. 史氏背尖贝 *Nipponacmea schrenckii*（**Lischke，1868**）

俗　　名　移鸡

英 文 名　Schrenck's Limpet

分类地位　软体动物门 Mollusca 腹足纲 Gastropoda 原始腹足目 Archaeogastropoda 笠贝科 Lottiidae 背尖贝属 *Nipponacmea*

鉴定特征　壳呈椭圆形，笠状，低平。壳顶近前端。壳表面绿褐色，布有褐色的放射状色带或斑纹。壳面放射肋细密，肋上有粒状结节。壳内面灰青色，边缘呈棕色且有褐色的放射状色带。

地理分布　在中国南海有分布。

生态习性　生活在高潮线附近的岩石上。

经济价值　可食用，亦可作为装饰物。

5. 齿纹蜑螺 *Nerita yoldii* Recluz, 1841

分类地位　软体动物门 Mollusca 腹足纲 Gastropoda 原始腹足目 Archaeogastropoda 蜑螺科 Neritidae 蜑螺属 *Nerita*

鉴定特征　壳较小，近半球形。螺旋部小，体螺层几乎占壳的全部。壳表面有低平而稀松的螺肋。壳表面黄白色，具黑色的 Z 形花纹或云状斑。壳口内黄绿色。外唇缘具黑白相间的镶边，内部有一列齿。内唇表面微显褶皱，内缘中央凹陷部有细齿 2～3 枚。厣棕色，半月形，表面有细小的粒状突起。

地理分布　在中国东海、台湾海域和南海有分布。

生态习性　生活在潮间带高、中潮区的岩礁间，食藻类。

经济价值　有清洁水质功效，可作为装饰物。

6. 紫游螺 *Neripteron violaceum*（**Gmelin**，**1791**）

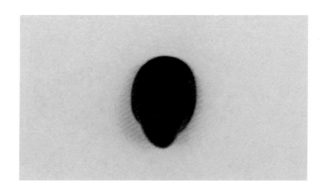

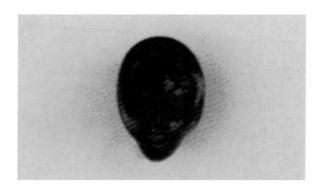

俗　　名　宽口蜑螺

英 文 名　Violet Nerite

分类地位　软体动物门 Mollusca 腹足纲 Gastropoda 原始腹足目 Archaeogastropoda 蜑螺科 Neritidae 河蜑螺属 *Neripteron*

鉴定特征　壳半圆形,较坚厚。螺旋部狭小,位于体螺层后方。体螺层膨圆。壳表面较光滑,在壳缘部生长纹稍粗糙,黄褐色,有深棕色波状花纹。壳口长卵圆形,周缘完整,内面灰紫色,有光泽。外唇简单,完整。内唇扩张甚大,内缘有多数细齿。厣长卵圆形,表面光滑。

地理分布　在中国东海、台湾海域和南海有分布,在日本海域也有分布。

生态习性　栖息在有淡水注入的高潮区泥沙滩,食微小生物。

经济价值　可作为装饰物。

7. 单齿螺 *Monodonta labio*（Linnaeus，1758）

俗　　名　芝麻螺

英　文　名　Thick-lipped Monodont

分类地位　软体动物门 Mollusca 腹足纲 Gastropoda 原始腹足目 Archaeogastropoda 马蹄螺科 Trochidae 单齿螺属 *Monodonta*

鉴定特征　壳呈梨形，坚厚。螺层约6层，螺旋部稍高，体螺层膨大。壳表面暗绿色，具黄白色方斑。螺肋由长方形粒状突起组成，螺旋部有5～6条，体螺层有15～17条。壳口呈桃形。外唇缘有蓝绿色的镶边，内里加厚形成肋状齿列。内唇弧形，基部有一发达齿。无脐孔。厣角质，圆形。

地理分布　在中国南海有分布。

生态习性　生活在潮间带中、上区的岩石间，以海藻为食。

经济价值　可食用，亦可作为装饰物。

8. 粒花冠小月螺 *Lunella coronata granulata*（Gmelin，1791）

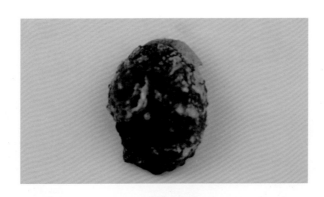

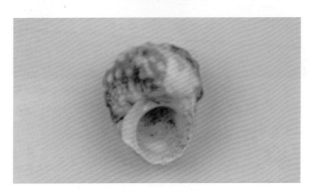

英文名　Granulated Moon Turban

分类地位　软体动物门 Mollusca 腹足纲 Gastropoda 原始腹足目 Archaeogastropoda 蝾螺科 Turbinidae 小月螺属 *Lunella*

鉴定特征　壳近球形。螺层 5 层，螺旋部低，体螺层较膨圆。壳表面黄褐色，有紫斑。螺肋由粒状结节连成，各螺层中部有 1 条较粗的螺肋将壳面分成上、下两部分，上部微倾斜，下部呈垂直面。体螺层有间隔近等的粗螺肋 5 条。壳口卵圆形。外唇平滑，内唇向内下方扩展。脐孔明显。

地理分布　在中国东海、台湾海域和南海有分布。

生态习性　生活在潮间带岩石间。

经济价值　可食用。

9. 彩广口螺 *Stomatolina speciosa*（A. Adams，1850）

分 类 地 位 软 体 动 物 门 Mollusca 腹 足 纲 Gastropoda 原 始 腹 足 目 Archaeogastropoda 口螺科 Stomatellidae 广口螺属 *Stomatolina*

鉴定特征 壳小,低圆锥形,薄脆。螺层约4层,螺旋部短小,体螺层宽圆。壳表面灰白色,有黑褐色的放射状斑纹,并具粗细相间的螺肋,生长线明显。壳口大,近卵圆形,内具珍珠光泽及壳面螺肋相应的沟纹。外唇薄,内唇呈弧形。无脐孔。

地理分布 在中国南海有分布,偶见于海南岛南部、西沙群岛海域。

生态习性 生活于热带珊瑚礁海域,仅在潮间带采到它的壳。

10. 绯拟脐螺 *Pseudomphala latericea*（H. Adams et A. Adams, 1864）

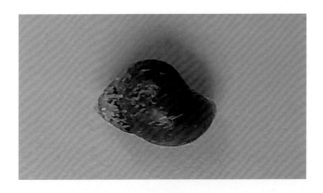

分类地位 软体动物门 Mollusca 腹足纲 Gastropoda 中腹足目 Mesogastropoda 拟沼螺科 Assimineidae 拟脐螺属 *Pseudomphala*

鉴定特征 壳小，坚硬，长卵形。螺层约 6 层，各螺层略膨胀外凸，体螺层膨圆，缝合线浅而明显。壳顶尖锐。壳表面光滑，绯红色，具光泽，缝合线下方的色泽较浅。生长纹细密。壳口洋梨形。内唇上缘贴于体螺层上。脐孔被覆盖。厣角质。

地理分布 分布于辽宁至广东沿海地区的潮间带和河口处。

生态习性 生活在受潮水影响的河口咸淡水交汇区。

11. 纵带滩栖螺 *Batillaria zonalis*（Bruguière，1792）

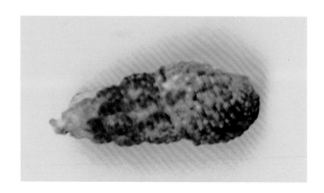

英 文 名　Zoned Cerith

分类地位　软体动物门 Mollusca 腹足纲 Gastropoda 中腹足目 Mesogastropoda 滩栖螺科 Batillariidae 滩栖螺属 *Batillaria*

鉴定特征　壳呈尖锥形。螺层约 12 层,螺旋部较高,体螺层微向腹方弯曲,缝合线明显。壳表面呈青灰色或黑褐色,螺旋部各层下部有一灰白色环带。壳基部膨胀,下部收窄。壳口卵圆形,内面有褐色条纹。外唇中、下部扩张呈弧状,内唇稍厚。前、后沟明显。

地理分布　在中国沿海均有分布。

生态习性　生活在潮间带高潮区岩石间。

经济价值　可食用。

12. 珠带拟蟹守螺 *Cerithidea cingulata*（Gmelin，1791）

英 文 名　Cingulate Horn Shell

分类地位　软体动物门 Mollusca 腹足纲 Gastropoda 中腹足目 Mesogastropoda 汇螺科 Potamididae 拟蟹守螺属 *Cerithidea*

鉴定特征　壳呈尖锥形。螺层约 15 层。壳表面黄褐色。各螺层中部有一条紫褐色的色带。螺旋部各层有 3 条呈串珠状的螺肋。体螺层有 9 条螺肋，仅上方第一条呈串珠状。体螺层腹面左侧有一条发达的纵肋。壳口近圆形。外唇扩张，内唇下方稍厚。有前沟。无脐孔。

地理分布　在中国沿海均有分布。

生态习性　生活在潮间带泥或泥沙滩。

经济价值　肉可食用，壳可用于制作贝雕。

13. 小翼拟蟹守螺 *Cerithidea microptera*（Kiener，1841）

分 类 地 位 软 体 动 物 门 Mollusca 腹 足 纲 Gastropoda 中 腹 足 目 Mesogastropoda 汇螺科 Potamididae 拟蟹守螺属 *Cerithidea*

鉴定特征 壳呈长锥形。螺层约 16 层。壳表面呈黄褐色或褐色。螺旋部各螺层有 3 条发达的螺肋和排列整齐的纵走肋,两肋交织成结节。体螺层约有 10 条螺肋,仅上方第一条具结节,基部稍平。壳口略呈菱形。外唇扩张呈翼状,内唇稍扭曲。前沟明显。

地理分布 在中国东海、台湾海域和南海均有分布。

生态习性 生活在潮间带高、中潮区有淡水注入的泥沙滩中。

经济价值 肉可食用,壳可用于制作贝雕。

14. 彩拟蟹守螺 *Cerithidea ornata*（A. Adams，1855）

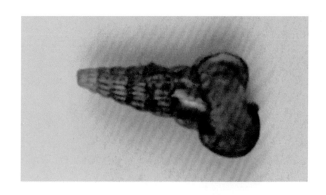

英 文 名　Ornate Horn Shell

分 类 地 位　软体动物门 Mollusca 腹足纲 Gastropoda 中腹足目 Mesogastropoda 汇螺科 Potamididae 拟蟹守螺属 *Cerithidea*

鉴定特征　壳呈锥形，稍薄。壳顶常磨损，各螺层宽度增加均匀。缝合线中间有一细弱的螺肋。壳表面黄白色，微显膨胀，各螺层纵肋排列整齐，且有 2 条棕色色带。体螺层左腹方有 1 条纵肿肋，基部有螺肋数条。壳口卵圆形。外唇稍向外扩张，内唇微扭曲。前沟呈缺刻状。

地理分布　在中国台湾海域和南海有分布。

生态习性　生活在潮间带高潮区有淡水注入的泥沙滩中。

经济价值　肉可食用，壳可用于制作贝雕。

15. 红树拟蟹守螺 *Cerithidea rhizophorarum* A. Adams，1855

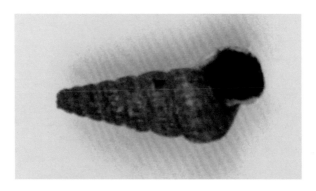

英 文 名　Root Horn Shell

分 类 地 位　软 体 动 物 门 Mollusca 腹 足 纲 Gastropoda 中 腹 足 目 Mesogastropoda 汇螺科 Potamididae 拟蟹守螺属 *Cerithidea*

鉴定特征　壳呈长锥形,稍薄。壳顶常磨损,各螺层宽度增加均匀。缝合线中间有一细弱的螺肋。各螺层上半部黄白色,下半部黄褐色。壳表面有纵横肋交织形成颗粒状的突起。体螺层左腹方有一条黄白色斜行的纵肿肋。壳口卵圆形,内、外唇上部稍扩张,外唇下部微向前延伸。前沟呈缺刻状。

地理分布　在中国东海、台湾海域和南海有分布。

生态习性　生活在潮间带有淡水注入的泥沙滩。

经济价值　肉可食用,壳可用于制作贝雕。

16. 沟纹笋光螺 *Terebralia sulcata*（**Born，1778**）

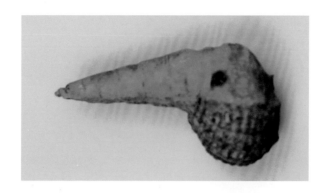

英 文 名　Sulcate Swamp Cerith

分类地位　软体动物门 Mollusca 腹足纲 Gastropoda 中腹足目 Mesogastropoda 汇螺科 Potamididae 笋光螺属 *Terebralia*

鉴定特征　壳呈锥形。螺旋部高，体螺层膨圆，缝合线浅。壳表面青灰白色，有红褐色色带。螺肋宽平，螺旋部各螺层有稀疏的纵肋与其交织成格子状。体螺层左腹方有 1 条稍弱的纵肿肋。壳口梨形，内面淡褐色。外唇厚，向外扩展；其前端弯曲向腹面左侧延伸，与体螺部相连。内唇薄。前沟圆孔状。

地理分布　在中国台湾海域和南海有分布。

生态习性　生活在潮间带高潮区有淡水注入的泥沙滩。

经济价值　肉可食用，壳可用于制作贝雕。

17. 斑肋拟滨螺 *Littoraria ardouiniana*（Heude，1885）

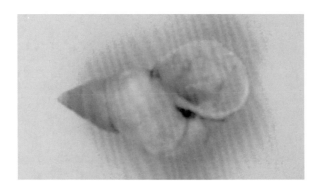

分 类 地 位 软 体 动 物 门 Mollusca 腹 足 纲 Gastropoda 中 腹 足 目 Mesogastropoda 滨螺科 Littorinidae 拟滨螺属 *Littoraria*

鉴定特征 壳呈圆锥形,薄。壳表面螺肋分布不均匀。壳表面呈黄褐色或橘黄色,具曲折的褐色花纹或螺带。壳口长卵圆形。外唇边缘向外翻,边缘呈黄白色。

地理分布 在中国东海、南海有分布。

生态习性 生活在高潮线附近的岩礁上或红树林树木枝条上。

经济价值 可食用。

18. 中间拟滨螺 *Littoraria intermedia*（R. A. Philippi, 1846）

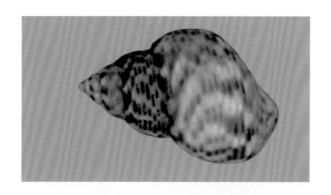

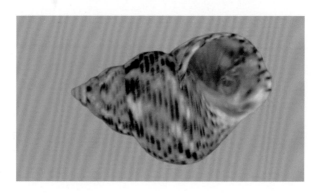

俗　　名　中间拟滨螺

分类地位　软体动物门 Mollusca 腹足纲 Gastropoda 中腹足目 Mesogastropoda 滨螺科 Littorinidae 拟滨螺属 *Littoraria*

鉴定特征　壳小而薄，呈低锥形。螺层约 6 层。螺旋部较高，体螺层膨圆，缝合线明显。壳表面呈黄灰色，具放射状的棕色带或斑纹，螺肋细密、低平，生长线粗糙。壳口稍斜，卵圆形，内面有与壳表面相同的色彩和肋纹。外唇薄，内唇稍扩张。无脐，厣角质。

地理分布　在中国沿海均有分布。

生态习性　生活在潮间带高潮区的岩石上。

经济价值　可食用。

19. 黑口拟滨螺 *Littoraria melanostoma* Gray，1839

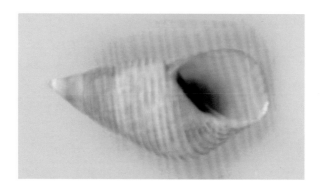

俗　　名　黑口拟滨螺

分类地位　软体动物门 Mollusca 腹足纲 Gastropoda 中腹足目 Mesogastropoda 滨螺科 Littorinidae 拟滨螺属 *Littoraria*

鉴定特征　壳呈尖锥形。螺层约9层。螺旋部高，呈塔状。体螺层中部稍膨大。缝合线明显。壳表面淡黄色，螺肋宽平。体螺层有淡褐色斜纵行的色带与螺肋相交成方格状。壳口梨形。外唇薄，内缘具缺刻。内唇紫黑色。无脐，厣角质。

地理分布　在中国东海、南海有分布。

生态习性　生活在潮间带高潮区，常匍匐在红树林树木上。

经济价值　可食用。

20. 浅黄拟滨螺 *Littoraria pallescens*（Philipi, 1844）

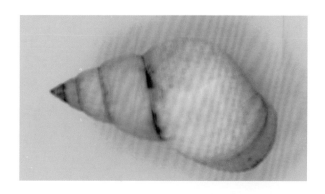

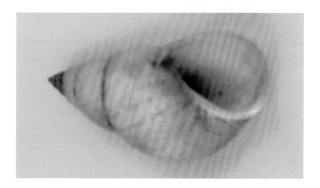

分类地位　软体动物门 Mollusca 腹足纲 Gastropoda 中腹足目 Mesogastropoda 滨螺科 Littorinidae 拟滨螺属 *Littoraria*

鉴定特征　壳呈卵形或球形,很小,高常低于 30 mm。壳表面较粗糙,色泽不鲜艳,具螺肋或颗粒状突起。壳口完整,圆形。厣角质,褐色,很薄。

地理分布　在中国南海有分布。

生态习性　通常生活在潮间带高潮区浪花能及的岩石以及红树林树木基部或枝叶上。

经济价值　可食用。

21. 粗糙拟滨螺 *Littoraria scabra*（Linnaeus，1758）

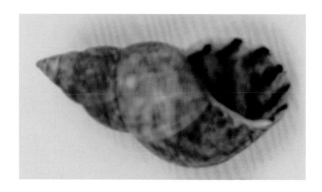

英 文 名　Scabra Periwinkle

分 类 地 位　软 体 动 物 门 Mollusca 腹 足 纲 Gastropoda 中 腹 足 目 Mesogastropoda 滨螺科 Littorinidae 拟滨螺属 *Littoraria*

鉴定特征　壳较大,近圆锥形。螺层有 8 层,螺旋部呈塔状,体螺层稍宽大,缝合线深。壳表面灰黄色,具紫褐色纵行色带或环行条纹。螺肋细密,在缝合线上方有 1 条较粗的螺肋,体螺层粗肋下部有一明显的棱角。壳口桃形。外唇薄。内唇厚,前部向外反折。厣角质。无脐。

地理分布　在中国台湾海域和南海有分布。

生态习性　生活在潮间带高潮区的岩礁上。

经济价值　可食用。

22. 浅缝骨螺 *Murex trapa* Röding，1798

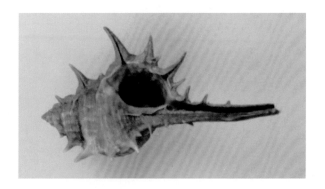

英 文 名 Rare-spined Murex

分 类 地 位 软 体 动 物 门 Mollusca 腹 足 纲 Gastropoda 异 腹 足 目 Heterogastropoda 骨螺科 Muricidae 骨螺属 *Murex*

鉴定特征 壳略呈圆锥形。螺层约 8 层,螺旋部呈塔状。各螺层有 3 条纵肿肋,螺旋部各纵肿肋中部有 1 枚尖刺,体螺层纵肿肋上具有 3 枚较长的尖刺。壳表面黄灰色。壳口卵圆形。外唇边缘呈齿状缺刻,中下部具一强齿。内唇平滑,向外翻卷。前沟细长,近管状,管壁后部有 3 列尖刺。

地理分布 在中国东海、南海有分布。

生态习性 生活在浅海沙泥底。

经济价值 可作为装饰物。

23. 黄口荔枝螺 *Thais luteostoma*（Holten，1802）

分 类 地 位　软 体 动 物 门 Mollusca 腹 足 纲 Gastropoda 异 腹 足 目 Heterogastropoda 骨螺科 Muricidae 荔枝螺属 *Thais*

鉴定特征　壳呈长纺锤形。螺层约 7 层,缝合线细浅。壳表面黄紫色,布有细密的螺肋和生长线。螺旋部各螺层中部突出形成肩部,肩角上有 1 环列的角状突起,体螺层有 4 环列突起。壳口长卵圆形,内面土黄色。外唇缘有细缺刻,内面有 4 ~ 5 枚粒状齿。内唇稍直而光滑。前沟较短,后沟呈缺刻状。

地理分布　在中国东海、南海有分布。

生态习性　生活在潮间带中、低潮区的岩礁间。

经济价值　肉可食,壳可作为装饰物。

24. 蛎敌荔枝螺 *Thais gradata*（Jonas，1846）

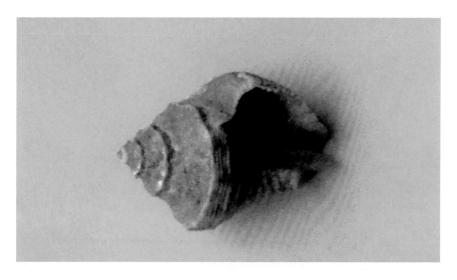

俗　　名　三角荔枝螺

分类地位　软体动物门 Mollusca 腹足纲 Gastropoda 异腹足目 Heterogastropoda 骨螺科 Muricidae 荔枝螺属 *Thais*

鉴定特征　壳呈菱形。螺层约 6 层，缝合线呈浅沟状。壳表面黄白色，具紫褐色斑点或条纹，螺肋粗细不均匀。螺旋部各螺层中部和体螺层上部的壳面内凹，形成一弧面。壳口长卵圆形，内面淡黄色，有褐色斑纹。外唇薄，具褶襞。内唇光滑。前沟短，后沟呈缺刻状。脐浅。厣角质。

地理分布　在中国东海、南海有分布。

生态习性　生活在潮间带中、低潮区的岩礁间。

经济价值　肉可食，壳可作为装饰物。

25. 节织纹螺 *Tritia reticulata*（**Linnaeus，1758**）

分类地位　软体动物门 Mollusca 腹足纲 Gastropoda 异腹足目 Heterogastropoda 织纹螺科 Nassariidae 织纹螺属 *Tritia*

鉴定特征　壳呈长卵圆形。螺层约 8 层，各螺层呈阶梯状。壳表面灰褐色或灰色，各螺层中部有 1 条黄白色螺带，具发达的纵肋。壳口卵圆形，内面棕紫色，中间夹有 1 条白色带。外唇厚，内缘有肋状齿。内唇外卷，具褶皱。前沟宽短呈 U 形，后沟小。

地理分布　在中国东海、南海有分布。

生态习性　生活在浅海沙或泥沙质海底。

经济价值　可作为装饰物。

26. 泥螺 *Bullacta caurina*（W. H. Benson，1842）

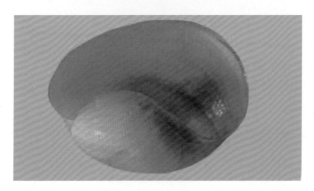

分类地位 软体动物门 Mollusca 腹足纲 Gastropoda 头楯目 Cephalaspidea 长葡萄螺科 Haminoeidae 泥螺属 *Bullacta*

鉴定特征 壳呈卵形，薄脆。螺旋部埋入体螺层内，壳顶中央具一浅凹。生长线明显。壳口上窄，基部扩张。壳表面白色，被有黄褐色壳皮。外唇薄，上部突出壳顶，基部圆。内唇石灰质层窄而薄。轴唇弯曲，基部有一窄的反折缘覆盖脐区。

地理分布 在中国沿海均有分布。

生态习性 生活在潮间带中、低潮区的泥沙质海底。

经济价值 可作为装饰物。

27. 石磺 *Peronia verruculata*（Cuvier，1830）

分类地位　软体动物门 Mollusca 腹足纲 Gastropoda 柄眼目 Stylommatophora 石磺科 Onchidiidae 石磺属 *Peronia*

鉴定特征　体背面观呈长椭圆形。头部有触角，无壳。外套膜微隆起，覆盖整个身体。背部灰黄色，布有许多突起及稀疏不均的背眼。背眼突起有 11～20 组，每组顶端具 1～4 个眼点。足部长大而肥厚。肺腔退化。

地理分布　在中国东海、南海有分布。

生态习性　生活在潮间带高潮区的岩石上，食硅藻、有机碎屑、腐殖质等。

经济价值　可鲜食或干食，具有较高的营养价值、药用价值。

双壳纲 Bivalvia

28. 鹅绒粗饰蚶 *Anadara uropigimelana*（**Bory de Saint-Vincent，1827**）

分 类 地 位　软体动物门 Mollusca 双壳纲 Bivalvia 蚶目 Arcida 蚶科 Arcidae 粗饰蚶属 *Anadara*

鉴定特征　壳近长卵圆形，极膨胀。两壳等大。壳顶突出，向内朝前卷曲。壳前端短，后端延长，末缘呈斜截状。壳表面放射肋约 32 条。右壳肋较平，肋上无明显结节。左壳肋上结节强壮，肋间沟宽度与肋相同。壳上具鹅绒状褐色皮，易脱落。

地理分布　在中国南海有分布。

生态习性　生活在潮下带浅水区。

经济价值　可食用。

29. 短偏顶蛤 *Modiolatus flavidus*（Dunker，1857）

分类地位 软体动物门 Mollusca 双壳纲 Bivalvia 贻贝目 Mytilida 贻贝科 Mytilidae 偏顶蛤属 *Modiolatus*

鉴定特征 壳稍厚，略呈长方形。两壳等大，前、后端近等宽。壳顶近前端，自壳顶后方斜向后腹缘有 1 条灰白色隆起肋。壳表面褐色，较凸，无放射肋。生长线细，高低不平。壳内面灰白色或灰蓝色。铰合部不发达。韧带细。闭壳肌痕与足丝孔均不明显。

地理分布 在中国东海、南海有分布。

生态习性 穴居于浅海泥沙底。

经济价值 可食用。

30. 紫贻贝 *Mytilus edulis* Linnaeus, 1758

俗　　名　海红

英 文 名　Green Mussel

分类地位　软体动物门 Mollusca 双壳纲 Bivalvia 贻贝目 Mytilida 贻贝科 Mytilidae 贻贝属 *Mytilus*

鉴定特征　壳呈楔形。壳顶尖细，位于最前端。背缘呈弧形，腹缘稍直。壳表面光滑，壳皮黑紫色，生长线不规则。壳内面灰白色或灰蓝色。铰合部具 2～5 枚粒状小齿。外套痕明显。前闭壳肌痕在前端腹缘，极小。后闭壳肌痕大，在后端近背缘，椭圆形。足丝细，较发达。

地理分布　在中国沿海均有分布。

生态习性　以足丝附着生活在潮间带至水深 10 m 左右的浅海岩石上。

经济价值　可食用。

31. 黑荞麦蛤 *Vignadula atrata*（Lischke，1871）

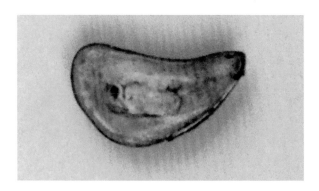

俗　　名　黑偏顶蛤

分类地位　软体动物门 Mollusca 双壳纲 Bivalvia 贻贝目 Mytilida 贻贝科 Mytilidae 荞麦蛤属 *Vignadula*

鉴定特征　壳小，略呈三角形。前端稍细而圆；后端宽圆，稍扁；背缘弯，近弧形；腹缘弯入。壳表面黑色，光滑无放射肋，生长线细密。壳顶近前端。自壳顶至后腹缘有 1 条隆起肋，将壳面分为背、腹两部分。一般背部斜面较腹部的大。壳内面蓝紫色。铰合部无齿。韧带长，呈褐色。

地理分布　在中国沿海均有分布。

生态习性　以足丝附着生活在潮间带中、上区的岩礁间。

经济价值　可食用。

32. 团聚牡蛎 *Saccostrea glomerata*（A. Gould, 1850）

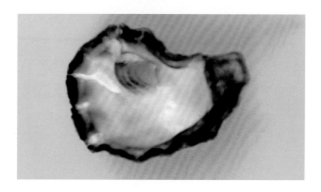

英 文 名　Auckland Rock Oyster

分类地位　软体动物门 Mollusca 双壳纲 Bivalvia 珍珠贝目 Pterioida 牡蛎科 Ostreidae 囊牡蛎属 *Saccostrea*

鉴定特征　壳小型。左壳坚厚；内凹。右壳平薄。左壳深紫色，生长线呈鳞片状，放射肋 6～10 条。右壳灰白色，后缘片状生长线较明显，无放射肋，壳缘有深紫色缺刻。壳内面淡蓝色，背缘蓝紫色，具缺刻。铰合部两侧具小齿。

地理分布　在中国东海、南海有分布。

生态习性　以左壳固着生活在潮间带的岩石上。

经济价值　可食用。

33. 僧帽牡蛎 *Saccostrea cuccullata*（Born，1778）

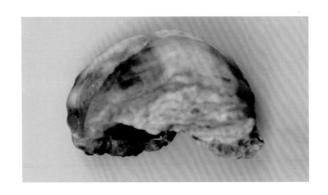

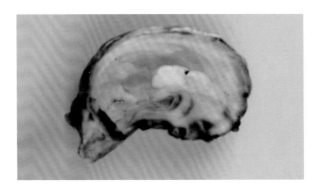

俗　　名　僧帽囊牡蛎

分类地位　软体动物门 Mollusca 双壳纲 Bivalvia 珍珠贝目 Pterioida 牡蛎科 Ostreidae 囊牡蛎属 *Saccostrea*

鉴定特征　壳小而薄，近三角形。左壳稍凸，右壳较平。壳表面淡黄色，具紫褐色条纹。右壳放射肋不明显；生长线呈同心环状。左壳具粗壮放射肋，鳞片层较少。壳内面白色，左壳前凹陷极深。铰合部窄，无齿。韧带槽长，呈三角形。闭壳肌痕呈马蹄形，位于背后方。

地理分布　在中国沿海均有分布。

生态习性　以左壳固着生活在潮间带中、上区。

经济价值　可食用。

34. 棘刺牡蛎 *Saccostrea kegaki* Torigoe et Inaba，1981

俗　　名　棘刺囊牡蛎

英 文 名　Spiny Oyster

分类地位　软体动物门 Mollusca 双壳纲 Bivalvia 珍珠贝目 Pterioida 牡蛎科 Ostreidae 囊牡蛎属 *Saccostrea*

鉴定特征　壳扁小，近圆形或卵圆形。壳表面紫灰色。左壳大而平，游离边缘具棘刺。右壳微凸，生长线细密且呈鳞片状，鳞片边缘卷曲成长棘。壳内面颜色多变化，有的淡蓝色，也有的黄、棕、黑三色混杂。铰合部前后侧具单行小齿。闭壳肌痕呈肾形，近腹缘。

地理分布　在中国东海、南海有分布。

生态习性　以左壳固着生活在河口及其附近潮间带的岩石上。

经济价值　可食用。

35. 近江牡蛎 *Crassostrea rivularis*（Gould, 1861）

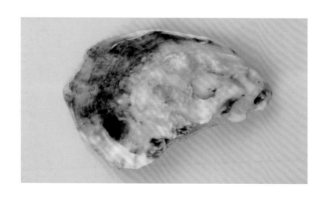

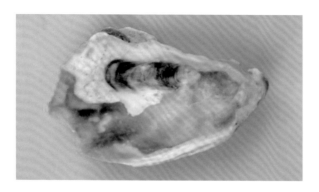

俗　　名　近江巨牡蛎

分类地位　软体动物门 Mollusca 双壳纲 Bivalvia 珍珠贝目 Pterioida 牡蛎科 Ostreidae 牡蛎属 *Crassostrea*

鉴定特征　壳大而厚,常呈卵圆形或长形。两壳不等大,左壳厚凸,右壳扁平。壳表面淡紫色,环生薄而平直的鳞片,无放射肋。壳内面白色,边缘淡紫色。韧带槽长,呈牛角状。韧带紫黑色。闭壳肌痕呈肾形,位于中部背侧。

地理分布　在中国沿海均有分布。

生态习性　以左壳固着生活在河口附近的低盐区。

经济价值　肉味鲜美,营养丰富,是重要的食用经济贝类。

36. 西施舌 *Mactra antiquata* Spengler，1802

俗　　名　沙蛤

英 文 名　Antique Matra

分类地位　软体动物门 Mollusca 双壳纲 Bivalvia 帘蛤目 Veneroida 蛤蜊科 Mactridae 蛤蜊属 *Mactra*

鉴定特征　壳大而薄，近三角形。小月面呈心形，楯面披针状，外韧带小。壳表面被黄褐色壳皮，壳顶部淡紫色。生长线细密。壳内面淡紫色。铰合部宽。左壳具有1枚两分叉的主齿，右壳2枚主齿呈"八"字形。前、后侧齿发达。内韧带大，呈棕黄色。

地理分布　中国沿海均有分布。

生态习性　生活在潮下带下区及浅海沙底中。

经济价值　肉脆嫩，味道鲜美，是一种重要的食用贝类，也具有药用价值。

37. 四角蛤蜊 *Mactra quadrangularis* Reeve，1854

分类地位　软体动物门 Mollusca 双壳纲 Bivalvia 帘蛤目 Veneroida 蛤蜊科 Mactridae 蛤蜊属 *Mactra*

鉴定特征　壳较厚，略呈四边形。小月面与楯面大，界限分明。外韧带小，淡黄色。壳表面灰紫色，顶部白色，腹缘黄褐色。生长线明显。壳内面白色。内韧带黄褐色，位于主齿后方的韧带槽中。前、后闭壳肌痕明显。

地理分布　在中国沿海均有分布。

生态习性　生活在低潮区至浅海泥沙底中。

经济价值　可食用。

38. 影红明樱蛤 *Jitlada culter*（Hanley，1844）

　　分类地位　软体动物门 Mollusca 双壳纲 Bivalvia 帘蛤目 Veneroida 樱蛤科 Tellinidae 吉樱蛤属 *Jitlada*

　　鉴定特征　壳小型，呈三角卵圆形。腹缘弧形，后端较尖。铰合部窄，有2枚主齿。壳表面有白、黄、粉红等色，具光泽。壳内面白色或粉红色。

　　地理分布　在中国沿海均有分布。

　　生态习性　生活在潮间带至浅海沙或沙泥底中。

　　经济价值　可食用。

39. 大竹蛏 *Solen grandis* Dunker，1862

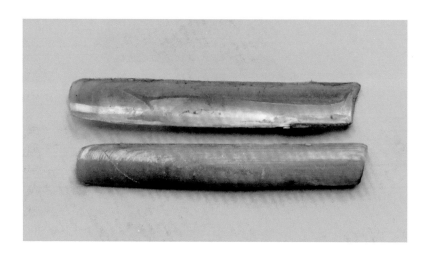

英　文　名　Grand Jackknife Clam

分类地位　软体动物门 Mollusca 双壳纲 Bivalvia 帘蛤目 Veneroida 竹蛏科 Solenidae 竹蛏属 *Solen*

鉴定特征　壳呈长柱状,长为高的 4～5 倍。前缘斜截形,后缘弧形。铰合部主齿 1 枚。壳表面光滑,凸出,被有黄褐色壳皮,有淡紫红色带,生长线明显。壳内面淡粉红色,亦有淡粉红色带。

地理分布　在中国沿海均有分布。

生态习性　生活在潮间带中潮区至浅海沙泥底中。

经济价值　肉味鲜美,营养价值高,是一种重要的食用经济贝类。

40. 红树蚬 *Geloina coaxans*（Gmelin，1791）

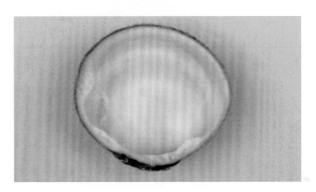

分类地位 软体动物门 Mollusca 双壳纲 Bivalvia 帘蛤目 Veneroida 蚬科 Corbiculidae 蚬属 *Geloina*

鉴定特征 壳呈三角卵圆形,厚重而膨胀。壳顶突出,稍前倾,位于近中央。壳表面被有黑褐色壳皮,顶部常磨损。生长线粗而密。韧带较长,呈黑褐色。壳内面白色。铰合部具 3 枚分叉主齿。前闭壳肌痕呈长卵圆形,后闭壳肌痕近马蹄状。

地理分布 在中国东海、台湾海域和南海有分布。

生态习性 生活在咸淡水交汇的河口和潮间带,常栖息于有红树生长的软泥或沙泥区。

经济价值 肉可食用、药用。

41. 鳞杓拿蛤 *Anomalodiscus squamosus*（Linnaeus，1758）

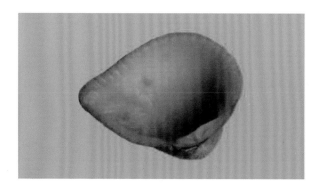

分类地位 软体动物门 Mollusca 双壳纲 Bivalvia 帘蛤目 Veneroida 帘蛤科 Veneridae 杓拿蛤属 *Anomalodiscus*

鉴定特征 壳厚而膨胀，形如勺状，前、腹缘圆，后端尖瘦。小月面大，心形。楯面宽长，占据背后缘。韧带浅栗色。壳表面棕黄色。生长线细弱，放射肋粗，两者交织形成颗粒状或鳞片状。壳内面白色，背后壳缘有细锯齿，前腹壳缘有粗齿突。

地理分布 在中国东海、南海有分布。

生态习性 生活在潮间带中潮区泥质或泥沙底质环境中。

经济价值 可食用。

42. 和平蛤 *Clementia papyracea*（Gray，1825）

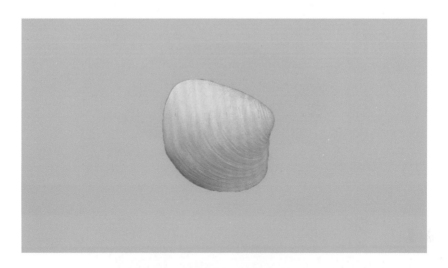

分类地位　软体动物门 Mollusca 双壳纲 Bivalvia 帘蛤目 Veneroida 帘蛤科 Veneridae 和平蛤属 *Clementia*

鉴定特征　壳呈斜长卵圆形，薄脆，半透明，膨胀。小月面大，心形。楯面凹陷，长披针形。韧带小，浅黄色。壳表面灰白色，无光泽和花纹，具突起和褶皱。壳内面白色。铰合部有主齿 3 枚。

地理分布　在中国南海有分布。

生态习性　生活在浅海沙底中。

经济价值　可食用。

43. 锈色朽叶蛤 *Coecella turgida* Deshayes，1855

分类地位　软体动物门 Mollusca 双壳纲 Bivalvia 帘蛤目 Veneroida 帘蛤科 Veneridae 朽叶蛤属 *Coecella*

鉴定特征　壳长椭圆形,稍膨胀。壳顶位于背缘中央,前、后侧等长。前端圆,略呈截状。后端稍尖。腹缘平直。壳表面淡紫灰色,具黄棕色壳皮。韧带槽长,斜向后方。生长线细密。

地理分布　在中国台湾海域和南海有分布。

生态习性　栖息于潮间带的粗沙底质中。

经济价值　可食用。

44. 突畸心蛤 *Cryptonema producta*（**Kuroda et Habe，1951**）

俗　　名　曲畸心蛤

英 文 名　Projecting Venus

分类地位　软体动物门 Mollusca 双壳纲 Bivalvia 帘蛤目 Veneroida 帘蛤科 Veneridae 畸心蛤属 *Cryptonema*

鉴定特征　壳厚而膨胀，前腹缘圆，后腹缘尖瘦。小月面大，心形。楯面宽大，占据背后缘。韧带短，黄棕色。壳表面黄棕色，有 2～3 条灰黑色放射带。生长线粗而密，在壳后端与放射肋相交呈颗粒状。壳内面黄白色。铰合部有主齿 3 枚，无侧齿。

地理分布　在中国台湾海域和南海有分布。

生态习性　生活在潮间带的沙质或泥沙底质中。

经济价值　可食用。

45. 青蛤 *Cyclina sinensis*（Gmelin，1791）

俗　　名　环文蛤

英 文 名　Chinese Dosinia

分类地位　软体动物门 Mollusca 双壳纲 Bivalvia 帘蛤目 Veneroida 帘蛤科 Veneridae 青蛤属 *Cyclina*

鉴定特征　壳近圆形。壳顶位于背缘中央。小月面不明显,楯面狭长,为韧带所占据。壳表面一般呈棕黄色,周缘紫色。生长线细密。放射肋弱,在壳边缘较明显。壳内面白色,内缘具细齿。铰合部具主齿3枚。

地理分布　在中国沿海均有分布。

生态习性　生活在潮间带的泥沙底质中。

经济价值　可食用。

46. 薄片镜蛤 *Dosinia laminata*（Reeve，1850）

俗　　名　灰蚶子、黑蛤

分类地位　软体动物门 Mollusca 双壳纲 Bivalvia 帘蛤目 Veneroida 帘蛤科 Veneridae 镜蛤属 *Dosinia*

鉴定特征　壳较薄，近方圆形，两壳侧扁。壳顶位于背缘中部略偏前。小月面长心形，楯面狭长。韧带长，褐色。壳表面白色或肉灰色。生长线细密而平，仅中部至腹部的生长线微突出壳面，在楯面周围亦稍翘起。壳内面白色或肉色。铰合部有主齿 3 枚，前侧齿萎缩。

地理分布　在中国沿海均有分布。

生态习性　生活在潮间带中下区至数米深的黑色泥或泥沙底质中。

经济价值　肉味鲜美，营养价值高，为食用经济贝类，亦有一定药用价值。

47. 歧脊加夫蛤 *Gafrarium divaricatum*（Gmelin，1791）

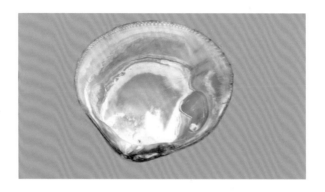

俗　　名　　歧纹帘蛤

英　文　名　　Forked Venus

分类地位　　软体动物门 Mollusca 双壳纲 Bivalvia 帘蛤目 Veneroida 帘蛤科 Veneridae 加夫蛤属 *Gafrarium*

鉴定特征　　壳呈三角卵圆形，侧扁。壳顶扁平，两壳顶尖相近。小月面长椭圆形，棕色。楯面狭小，凹入。韧带棕褐色。壳表面黄褐色，有栗色色带或三角状白斑。生长线显著，放射肋细，两者相交成粒状突起。壳内面白色，内缘具细齿。铰合部有主齿 3 枚。

地理分布　　在中国东海、南海有分布。

生态习性　　栖息在潮间带或岩礁间的沙砾底质中。

经济价值　　可食用。

48. 凸加夫蛤 *Gafrarium tumidum* Röding，1798

英 文 名　Tumid Venus

分类地位　软体动物门 Mollusca 双壳纲 Bivalvia 帘蛤目 Veneroida 帘蛤科 Veneridae 加夫蛤属 *Gafrarium*

鉴定特征　壳呈长卵圆形，膨胀，壳顶位于背缘近前端。小月面长卵圆形。楯面狭长。韧带黄褐色。壳表面黄白色。生长线细密。放射肋在前部较细，中部粗宽，后部不明显。生长线与放射肋相交成念珠状结节。壳内面白色，内缘具小齿。铰合部有主齿 3 枚。

地理分布　在中国台湾海域、南海有分布。

生态习性　生活在潮间带至浅海的沙底质中。

经济价值　可食用。

49. 裂纹格特蛤 *Marcia hiantina*（Lamarck，1818）

俗　　名　裂纹女神蛤

英 文 名　Hiant Venus

分类地位　软体动物门 Mollusca 双壳纲 Bivalvia 帘蛤目 Veneroida 帘蛤科 Veneridae 格特蛤属 *Marcia*

鉴定特征　壳呈斜三角卵圆形,较膨胀。前、腹缘圆,后端斜长。小月面呈心形。楯面梭状。韧带栗色。壳表面棕黄色,顶区和后端常呈灰褐色,放射色带不明显。生长线肋不规则,前端细密,中部加粗。壳内面白色。铰合部具主齿 3 枚。

地理分布　中国南海有分布。

生态习性　生活在潮间带中、低潮区的泥沙底质中。

经济价值　可食用。

50. 理纹格特蛤 *Marcia marmorata*（Lamarck，1818）

俗　　名　理纹女神蛤

分类地位　软体动物门 Mollusca 双壳纲 Bivalvia 帘蛤目 Veneroida 帘蛤科 Veneridae 格特蛤属 *Marcia*

鉴定特征　壳呈三角卵圆形，壳顶位于背缘中央偏前。小月面和楯面的界限均不明确。韧带棕黑色。壳表面淡棕黄色。生长线排列紧密，彼此有交叉重叠。壳内面白色。铰合部具主齿 3 枚。外套窦深，前端圆钝。

地理分布　在中国台湾海域、南海有分布。

生态习性　生活在潮间带至浅海的沙泥底质中。

经济价值　可食用。

51. 琴文蛤 *Meretrix lyrata*（G. B. Sowerby II, 1851）

俗　　名　皱肋文蛤

分类地位　软体动物门 Mollusca 双壳纲 Bivalvia 帘蛤目 Veneroida 帘蛤科 Veneridae 文蛤属 *Meretrix*

鉴定特征　壳呈三角卵圆形。前、腹缘圆，后端逐渐变尖。壳顶位于中央偏前。小月面呈矛头状，中线稍弯曲。楯面卵梭形，深褐色。韧带粗短，黑褐色。壳表面具灰黄色壳皮。生长线粗宽，呈肋状，偶有分叉或被光滑面所间断。壳内面白色，后背缘呈紫褐色。铰合部具主齿 3 枚。

地理分布　原产于越南和菲律宾海域，后因引种养殖分布于中国东海、台湾海域和南海沿岸区域。

生态习性　生活在潮间带至浅海的沙泥底质中。

经济价值　肉鲜美，食用价值高，是中国南方沿海重要的养殖经济贝类。

52. 丽文蛤 *Meretrix lusoria*（**Röding，1798**）

英 文 名　Poker-chip Venus

分类地位　软体动物门 Mollusca 双壳纲 Bivalvia 帘蛤目 Veneroida 帘蛤科 Veneridae 文蛤属 *Meretrix*

鉴定特征　壳呈三角卵圆形。前、腹缘圆，后缘明显长于前缘，末端尖。壳顶位于背缘中央偏前。小月面长楔状。楯面宽大。韧带粗短，棕褐色。壳表面光滑，披有乳黄色壳皮，布满棕色的点线花纹，近顶部有棕色或紫色色带。生长线细弱。壳内面白色。铰合部具主齿 3 枚。

地理分布　在中国台湾海域、南海有分布。

生态习性　生活在潮间带至浅海的沙泥底质中。

经济价值　可食用，是中国南海近海养殖贝类之一。

53. 文蛤 *Meretrix meretrix*（**Linnaeus，1758**）

俗　　名　黄蛤

分类地位　软体动物门 Mollusca 双壳纲 Bivalvia 帘蛤目 Veneroida 帘蛤科 Veneridae 文蛤属 *Meretrix*

鉴定特征　壳呈三角卵圆形。前、腹缘圆；后缘稍长，末端略圆。壳顶位于背缘中央偏前。小月面长楔状。楯面宽大，占据背后缘的大部分。韧带短，黑褐色。壳表面光滑，具壳皮，一般呈黄褐色且具褐色花纹。生长线细。壳内面白色。铰合部具主齿 3 枚。

地理分布　在中国沿海均有分布。

生态习性　生活在沿岸内湾潮间带沙滩或浅海细沙底质中。

经济价值　肉细嫩，味道鲜美，营养丰富，是主要的食用经济贝类，亦有药用价值，可作为化妆品的容器。

54. 沟纹巴非蛤 *Paphia exarata*（**Philippi，1847**）

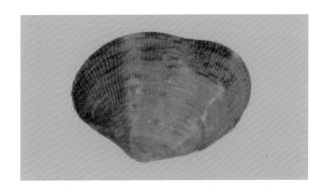

　　分类地位　软体动物门 Mollusca 双壳纲 Bivalvia 帘蛤目 Veneroida 帘蛤科 Veneridae 巴非蛤属 *Paphia*

　　鉴定特征　壳呈四方卵圆形。前端略上翘，后缘圆，壳顶位于背缘中位稍偏前。小月面长，中线弯曲，右壳的小月面大于左壳的。楯面界限不清，韧带黄棕色。壳表面棕色，有 4 条呈不连续的放射状棕色带。生长线突出壳面，分布匀密。壳内面白色。铰合部有主齿 3 枚。

　　地理分布　在中国东海、台湾海域和南海有分布。

　　生态习性　生活在潮间带以下至浅海泥沙质底。

　　经济价值　可食用。

55. 波纹巴非蛤 *Paphia undulatus*（Born，1778）

俗　　名　波纹横帘蛤、油蛤、花甲螺

英 文 名　Undulating Venus

分类地位　软体动物门 Mollusca 双壳纲 Bivalvia 帘蛤目 Veneroida 帘蛤科 Veneridae 巴非蛤属 *Paphia*

鉴定特征　壳呈长卵圆形，较扁。壳顶位于背缘中央偏前。小月面和楯面均呈白色，其上有紫色条纹。韧带长，黄棕色。壳表面黄棕色或浅紫色，布满紫色波纹，外披漆状壳皮。生长线细密，壳表中部有与生长线相交的斜行线纹，无放射肋。壳内面白色或略呈紫色。铰合部有主齿 3 枚。

地理分布　在中国东海和南海有分布。

生态习性　生活在潮间带至浅海泥沙底质，以浮游生物和底栖生物为食。

经济价值　肉细嫩，味道鲜美，营养价值高，是我国沿海居民喜食的海洋贝类。

56. 日本卵蛤 *Pitarina japonica*（**Kuroda et Kawamoto，1956**）

英文名 Japanese Pitar Venus

分类地位 软体动物门 Mollusca 双壳纲 Bivalvia 帘蛤目 Veneroida 帘蛤科 Veneridae 卵蛤属 *Pitarina*

鉴定特征 壳薄，呈三角卵圆形，极膨胀。壳顶位于背缘中部偏前。小月面大，长心形。楯面长而宽。韧带棕色。壳表面灰白色；壳顶区光滑；在前、后、腹区常有细沙粒附着，呈灰褐色。生长线细，相对整齐。壳内面白色，内脏囊部位杏黄色。铰合部窄，有主齿 3 枚。

地理分布 在中国南海有分布。

生态习性 生活在浅海细沙底质中。

经济价值 可食用。

57. 头巾雪蛤 *Placamen lamellatum*（Röding，1798）

俗　名　头巾帘蛤

英 文 名　Tiara Venus

分类地位　软体动物门 Mollusca 双壳纲 Bivalvia 帘蛤目 Veneroida 帘蛤科 Veneridae 雪蛤属 *Placamen*

鉴定特征　壳呈三角卵圆形。壳顶位于前方约壳长的 1/4 处。小月面凹，心形。楯面长，中凹。韧带黄褐色。壳表面白色，具红褐色放射肋 3 条。生长线呈宽厚的肋片状，肋片向壳顶方向卷曲，约 13 条。壳内面白色，内缘具小齿。铰合部有主齿 3 枚。

地理分布　在中国南海有分布。

生态习性　栖息于潮间带低潮线附近至浅海沙质底。

经济价值　可食用。

58. 菲律宾蛤仔 *Ruditapes philippinarum*（A. Adams et Reeve，1850）

俗　　名　花蛤、蛤蜊、蚬子

英 文 名　Filipino Venus

分类地位　软体动物门 Mollusca 双壳纲 Bivalvia 帘蛤目 Veneroida 帘蛤科 Veneridae 蛤仔属 *Ruditapes*

鉴定特征　壳呈卵圆形。壳顶位于背缘前方约 1/3 处。壳前缘圆弧形，后缘略呈截状。小月面椭圆形。楯面梭形。韧带长而突出。壳表面灰黄色或灰白色，花纹变异特多。放射肋细密，90～100 条，与生长线交织形成长方格。壳内面灰白色。铰合部有主齿 3 枚。

地理分布　在中国沿海均有分布。

生态习性　生活在潮间带至浅海沙底。

经济价值　肉味鲜美，营养丰富，是我国沿海居民喜食的海洋贝类，亦可药用。菲律宾蛤仔是一种适合于人工高密度养殖的优良贝类，是我国四大养殖贝类之一。

59. 杂色蛤仔 *Ruditapes variegatus*（Sowerby，1852）

俗　　名　杂色蛤、小眼花帘蛤

英 文 名　Variegate Venus

分类地位　软体动物门 Mollusca 双壳纲 Bivalvia 帘蛤目 Veneroida 帘蛤科 Veneridae 蛤仔属 *Ruditapes*

鉴定特征　壳呈卵圆形，小而薄脆。壳顶位于背缘前方约 1/3 处，前、后缘圆弧形。小月面近披针形。楯面梭形。韧带长而突出。壳表面浅棕色，常有栗色斑点或花纹。放射肋宽而扁平，50～70 条，与生长线交织形成长方格。壳内面白色或杏黄色。铰合部有主齿 3 枚。

地理分布　在中国台湾海域、南海有分布。

生态习性　生活于近河口沿岸和潮间带浅泥沙滩。

经济价值　可食用，亦有药用价值。在中国南方沿海有养殖。

60. 钝缀锦蛤 *Tapes dorsatus*（Lamarck，1818）

俗　　名　宽幅浅蜊、沙包螺

英 文 名　Turgid Venus

分类地位　软体动物门 Mollusca 双壳纲 Bivalvia 帘蛤目 Veneroida 帘蛤科 Veneridae 缀锦蛤属 *Tapes*

鉴定特征　壳近斜方形。前端略尖圆，后缘截状。壳顶近前方。小月面长矛状。楯面长披针形，凹陷。韧带长，棕褐色。壳表面棕黄色，斑点和花纹颜色较浅。生长线呈肋状，其后部变成薄片状。壳内面白色，壳顶区常呈浅橙黄色。铰合部窄，有主齿 3 枚。

地理分布　在中国东海、台湾海域和南海有分布。

生态习性　栖息于潮间带及浅海的沙泥或泥沙底质中。

经济价值　肉味鲜美，为中国南方沿海常见的食用贝类。

61. 四射缀锦蛤 *Tapes belcheri* Sowerby，1852

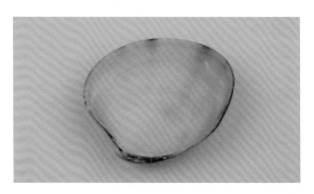

俗　　名　硬壳浅蜊

分类地位　软体动物门 Mollusca 双壳纲 Bivalvia 帘蛤目 Veneroida 帘蛤科 Veneridae 缀锦蛤属 *Tapes*

鉴定特征　壳呈长卵圆形。壳顶近前方。小月面长披针形。楯面长。壳表面棕黄色，具 4 条放射状褐色带。生长线较宽，呈肋状。壳内面杏红色。铰合部窄，有主齿 3 枚。前闭壳肌痕呈三角卵圆形，后闭壳肌痕为亚圆形。外套窦深，呈舌状。

地理分布　在中国南海有分布。

生态习性　生活在浅海的沙泥底,滤食藻类及有机碎屑。

经济价值　可食用。

62. 中国绿螂 *Glauconome chinensis* Gray，1828

俗　　名　大头蛏

分类地位　软体动物门 Mollusca 双壳纲 Bivalvia 帘蛤目 Veneroida 绿螂科 Glauconomidae 绿螂属 *Glauconome*

鉴定特征　壳长卵圆形。壳顶位于背缘中央之前。壳前缘宽圆，后端窄尖，腹缘平直。壳表面被有绿色壳皮，生长线明显，腹侧常呈褶皱状。韧带短，褐色。壳内面白色。铰合部具主齿3枚，左壳中央主齿和右壳后主齿较大，末端分叉。

地理分布　在中国东海、南海有分布。

生态习性　生活在有淡水注入的潮间带沙泥底。

经济价值　可食用。

四、节肢动物

颚足纲 Maxillopoda

63. 纹藤壶 *Amphibalanus amphitrite*（**Darwin**，**1854**）

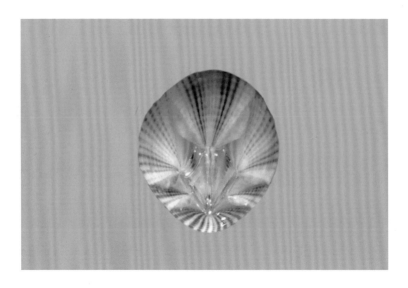

分类地位　节肢动物门 Arthropoda 颚足纲 Maxillopoda 无柄目 Sessilia 藤壶科 Balanidae 纹藤壶属 *Amphibalanus*

鉴定特征　体呈平截的圆锥体，壳两侧对称，外壁约有 6 个钙质板。软体部分包被于壳内，蔓足可从盖板开口伸出。胸部有 6 对双枝型蔓足，腹部退化，偶有尾附肢。壳表有彩色条纹，楯板无凹穴。幅部较宽，顶缘平行于基底。

地理分布　在中国沿海均有分布。

生态习性　生活在潮间带及潮下带，常成群附着于岩石和水下建筑物上，摄食浮游生物。

软甲纲 Malacostraca

64. 多脊虾蛄 *Carinosquilla multicarinata*（White，1848）

分类地位　节肢动物门 Arthropoda 软甲纲 Malacostraca 口足目 Stomatopoda 虾蛄科 Squillidae 脊虾蛄属 *Carinosquilla*

鉴定特征　体啡黄色，第二、五腹节背面中部有一大黑斑，尾肢末端黑色。头胸甲除有正常数量的隆脊外，另有诸多纵脊。头胸甲下具大颚须。捕肢白色，其指节具 5 枚齿。

地理分布　中国东海和南海有分布。

生态习性　栖息于 50 m 以浅的泥底海域。

经济价值　可供食用。

65. 口虾蛄 *Oratosquilla oratoria*（De Haan，1844）

俗　　名　皮皮虾、爬虾、濑尿虾

英 文 名　Edible Mantis Shrimp

分类地位　节肢动物门 Arthropoda 软甲纲 Malacostraca 口足目 Stomatopoda 虾蛄科 Squillidae 虾蛄属 *Oratosquilla*

鉴定特征　头胸甲的中央脊近前端明显呈 Y 形。口周围有 5 对附肢。眼位于头背面前端，突出可转动。体表无黑色斑纹，鲜活时体浅灰色或浅褐色，死后易发黑。腹部纵棱不多于 8 条。

地理分布　在中国沿海均有分布。

生态习性　栖息于浅水泥沙或礁石裂缝内。

经济价值　肉鲜美，营养丰富，可供鲜食或制成虾酱或肉馅，备受人们喜爱，亦有药用价值。

66. 刀额新对虾 *Metapenaeus ensis*（**De Haan，1844**）

俗　　名　基围虾、沙虾、芦虾

英 文 名　Sword Prawn、Greasy-back Shrimp

分类地位　节肢动物门 Arthropoda 软甲纲 Malacostraca 十足目 Decapoda 对虾科 Penaeidae 新对虾属 *Metapenaeus*

鉴定特征　体淡褐色，表面光滑，散布许多青色小点，凹下部分着生短毛。额角雄性平直，雌性末部微向上弯。腹部各节背面中央具光滑的纵脊。尾节具中央沟，无侧缘刺。第一步足具座节刺。

地理分布　在中国东海、南海有分布。

生态习性　适盐性广，幼虾生活在河口、内湾低盐浅水域，成虾栖息于高盐较深海域。有挖沙潜底、昼伏夜出的特殊习性，为杂食性偏动物性。

经济价值　壳薄体肥，出肉率高，肉嫩而鲜美，是一种重要的食用经济虾类。

67. 周氏新对虾 *Metapenaeus joyneri*（Miers，1880）

俗　　名　条虾、黄虾、麻虾

英 文 名　Shiba Shrimp

分类地位　节肢动物门 Arthropoda 甲壳纲 Malacostraca 十足目 Decapoda 对虾科 Penaeidae 新对虾属 *Metapenaeus*

鉴定特征　甲壳薄，表面光滑，有许多凹下部分着生短毛。体淡黄色，表面密布蓝褐色小点。额角比头胸甲短，雌性的比雄性的略长。头胸甲不具纵缝，心鳃沟十分明显。腹部第一至第六节背中央具脊。尾节具中央沟，无侧缘刺。第一步足不具座节刺。

地理分布　在中国黄海、东海、南海有分布。

生态习性　春夏季在河口、内湾和沿岸水域常集群游泳；秋冬季分布在近海。主要摄食多毛类、小型甲壳动物及双壳类等其他底栖无脊椎动物，有时也捕浮游动物。

经济价值　体肥肉嫩，鲜美可口，是一种重要的食用经济虾类。

68. 戴氏赤虾 *Metapenaeopsis dalei*（Rathbum，1902）

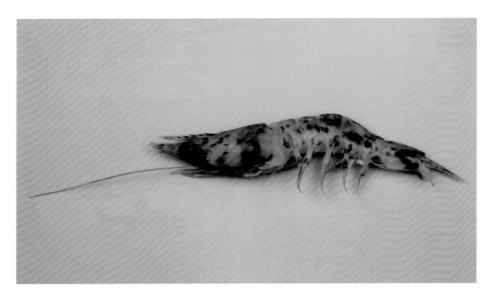

俗　　名　红筋虾、霉虾

英 文 名　Kishi Velvet Shrimp

分类地位　节肢动物门 Arthropoda 甲壳纲 Malacostraca 十足目 Decapoda 对虾科 Penaeidae 赤虾属 *Metapenaeopsis*

鉴定特征　甲壳厚而粗糙，表面生有密毛。体表散布斜行红斑纹。额角短，末端尖。腹部第二至第六节背面中央具强纵脊。尾节甚长，后半部两侧具3对活动刺。雄性交接器不对称，左叶末端具刺状突起 3 ～ 4 个。

地理分布　在中国主要分布于黄海、东海。

生态习性　栖息于水深 40 ～ 65 m、盐度 33 ～ 34 的海域，幼虾则生活于盐度较低的近岸海域。

经济价值　个头小，壳薄肉厚，味道鲜美，为食用海虾。

69. 短脊鼓虾 *Alpheus brevicristatus* De Haan，1844

俗　　名　鼓虾

分类地位　节肢动物门 Arthropoda 甲壳纲 Malacostraca 十足目 Decapoda 鼓虾科 Alpheidae 鼓虾属 *Alpheus*

鉴定特征　体近圆柱形，表面具粗糙不平的凹点与皱纹，并覆盖一层薄软毛。头胸甲中部有一横贯的钝隆脊，凸向胃区前方。内眼窝角有 2 个向后延伸的纵沟。额方形，末部稍宽，中部最突出。雄性螯足粗壮，尤以掌节为甚。

地理分布　在中国渤海、东海和南海有分布。

生态习性　生活于沿岸浅水。

经济价值　可食用。

70. 双凹鼓虾 *Alpheus bisincisus* De Haan，1849

俗　　名　鼓虾

分类地位　节肢动物门 Arthropoda 软甲纲 Malacostraca 十足目 Decapoda 鼓虾科 Alpheidae 鼓虾属 *Alpheus*

鉴定特征　额角尖细而长，约伸至第一额角柄的第一节末端。额角后脊不明显。大螯长，掌部内外缘在可动指基部后方各有一深缺刻，外缘的背腹面各具一短刺。小螯细长，掌部外缘在可动指基部处有一短刺。背腹面也各具一尾节，背面无纵沟，但有 2 对较强的活动刺。

地理分布　中国沿海均有分布。

生态习性　生活于热带或亚热带浅海，穴居或潜伏生活。

经济价值　可食用。

71. 脊尾长臂虾 *Palaemon carinicauda* Holthuis，1950

俗　　名　白虾、大白枪虾

英 文 名　Ridgetail White Prawn

分类地位　节肢动物门 Arthropoda 软甲纲 Malacostraca 十足目 Decapoda 长臂虾科 Palaemonidae 长臂虾属 *Palaemon*

鉴定特征　甲壳薄。体透明，微带蓝色或红色的小斑点。额角侧扁、细长，基部呈鸡冠状隆起。腹部第三至第六节中央具明显纵脊。第二对步足腕节不分节。雄性第五步足间的腹面甲上有球状突起（雄球），雌性则无。雌性腹部抱卵。

地理分布　在中国沿海均有分布，常见于渤海和黄海。

生态习性　生活在近岸的浅海或近岸河口及半咸水域。

经济价值　肉鲜嫩可口，可鲜食或干制成虾米，是一种重要的小型经济虾类，也是中国主要的养殖海虾种类之一。

72. 下齿细螯寄居蟹 *Clibanarius infraspinatus*（Hilgendorf，1869）

分类地位　节肢动物门 Arthropoda 软甲纲 Malacostraca 十足目 Decapoda 活额寄居蟹科 Diogenidae 细螯寄居蟹属 *Clibanarius*

鉴定特征　外形介于虾和蟹之间。体长，分头胸部及腹部。头胸部具头胸甲，但不覆盖最后胸节。头胸部前部较狭窄，钙化较强；后部扩展较宽，角质或完全膜质，有明显的颈沟。腹部长，曲卷或直伸，少数种宽短，多不对称。

地理分布　在中国黄海和南海有分布。

生态习性　生活在沙底、泥底水中，常栖息于珊瑚礁潮间带上部，食藻类、食物残渣及寄生虫，多寄居于螺壳内。

经济价值　被称为海边的"清道夫"。

73. 近亲蟳 *Charybdis*（*Charybdis*）*affinis* Dana，1852

  分类地位 节肢动物门 Arthropoda 软甲纲 Malacostraca 十足目 Decapoda 梭子蟹科 Portunidae 蟳属 *Charybdis*

  鉴定特征 头胸甲表面具绒毛，前半部具横行的细隆线，后半部无隆线。螯足表面光滑，掌节上具 5 枚刺，掌节末缘 2 枚齿很小。雄性腹部第六节两侧缘大部分平行。游泳足后缘末端处具 1 枚壮刺。

  地理分布 在中国东海、台湾海域和南海有分布。

  生态习性 生活于沙质或泥沙质的浅海底。

  经济价值 可食用。

74. 锈斑蟳 *Charybdis*（*Charybdis*）*feriata*（Linnaeus，1758）

俗　　名　斑纹蟳、花蟹

英 文 名　Coral Crab

分类地位　节肢动物门 Arthropoda 软甲纲 Malacostraca 十足目 Decapoda 梭子蟹科 Portunidae 蟳属 *Charybdis*

鉴定特征　头胸甲表面具明显的黄色"十"字斑。幼体头胸甲表面密具绒毛，长大后头胸甲表面光滑，分区不明显。额具 6 枚齿，中央 4 枚齿大小相近，外侧齿窄而尖锐。前侧缘具 6 枚齿，第一齿平钝。螯足掌节较隆肿，掌节上具 4 枚刺。

地理分布　在中国黄海、东海、台湾海域和南海有分布。

生态习性　常生活在近岸沙质或岩礁、珊瑚礁盘的浅水中，偶见于水深近 100 m 的海底。

经济价值　色鲜艳，味鲜美，为人们所喜爱的常见食用经济蟹类。

75. 远洋梭子蟹 *Portunus pelagicus*（Linnaeus，1758）

俗　　名　远游梭子蟹

英 文 名　Sand Swimming Crab

分类地位　节肢动物门 Arthropoda 软甲纲 Malacostraca 十足目 Decapoda 梭子蟹科 Portunidae 梭子蟹属 *Portunus*

鉴定特征　头胸甲呈横卵圆形，表面覆以粗颗粒，颗粒间具软毛，表面具明显的花白云纹。除内眼窝外，额具4枚齿，中间1对比较小。前侧缘具9枚齿。螯足长大，两螯足不等大。螯足表面和步足上也有花白云纹。雄性深蓝色，雌性深紫色。

地理分布　在中国东海、台湾海域和南海有分布。

生态习性　栖息于水深10～30 m的沙质或泥沙质的浅海，幼蟹多栖息在潮间带的沙滩中。常昼伏夜出，性格凶猛，十分好斗，相互残杀。

经济价值　肉味鲜美，营养丰富，经济价值高，是一种重要的食用蟹类，亦可入药。

76. 锯缘青蟹 *Scylla serrata*（Forskål，1775）

俗　　名　青蟹、水蟹

英 文 名　Giant Mud Crab、Mangrove Crab、Mud Crab

分类地位　节肢动物门 Arthropoda 软甲纲 Malacostraca 十足目 Decapoda 梭子蟹科 Portunidae 青蟹属 *Scylla*

鉴定特征　头胸甲隆起，表面光滑，分区不明显。头胸甲及附肢为青绿色，前侧缘有 9 个锯齿。胃区、心区间有明显的 H 形凹痕，胃区有一细而中断的横行颗粒隆起。螯足掌节肿胀而光滑，不具锋锐的隆脊；长节前缘具 3 枚棘齿，后缘具 2 枚齿。

地理分布　在中国东海、台湾海域和南海有分布。

生态习性　生活于温暖、低盐的浅海以及潮流缓慢、有机物丰富的内湾或江河口，以鱼、虾、贝、藻及动物尸体为食。

经济价值　个体较大，肉多，味美，营养价值高，是世界有名的食用蟹类，亦有药用价值，可用于制备重要的工业原料甲壳素。

77. 钝齿短桨蟹 *Thalamita crenata* **Rüppell**, **1830**

分类地位　节肢动物门 Arthropoda 软甲纲 Malacostraca 十足目 Decapoda 梭子蟹科 Portunidae 短桨蟹属 *Thalamita*

鉴定特征　头胸甲表面光滑,稍隆起,额分 6 叶。颈沟前的横行隆脊向两侧延伸。前侧缘具 6 齿。第二触角基节的隆脊上具颗粒。螯足粗壮,不对称,长节前缘具 3 枚大刺,掌节内侧面光滑。

地理分布　在中国东海和南海有分布。

生态习性　生活于珊瑚礁或低潮线附近的岩礁中。

经济价值　可食用。

78. 皱纹团扇蟹 *Ozius rugulosus* Stimpson，1858

俗　　名　烧夹子

分类地位　节肢动物门 Arthropoda 软甲纲 Malacostraca 十足目 Decapoda 扇蟹科 Xanthidae 团扇蟹属 *Ozius*

鉴定特征　头胸甲呈横卵圆形，表面前部密布小颗粒及麻点，后半部几乎光滑。前额具 4 枚钝齿，额缘呈双脊形。两螯足不等大。大螯足腕节及掌节很肿胀，表面有皱纹。小螯足指节短于掌节，具毛。步足粗壮，指节、前节、腕节及整个腹部均有短黑毛。

地理分布　在中国台湾海域、西沙群岛海域有分布。

生态习性　通常生活在岩礁及砾石海岸的潮间带，偶尔会躲在沙岸石块区下或潜藏在沙中。

79. 粗掌大权蟹 *Macromedaeus crassimanus*（A. Milne-Edwards，1867）

　　分类地位　节肢动物门 Arthropoda 甲壳纲 Malacostraca 十足目 Decapoda 扇蟹科 Xanthidae 大权蟹属 *Macromedaeus*

　　鉴定特征　头胸甲呈长卵圆形，分区沟明显。额窄，中部有 V 形缺刻，分为 2 叶。前侧缘在外眼窝齿后具 5 枚齿。螯足掌节粗壮，背面具不平的疣突，内、外侧面光滑。步足长节背缘具短绒毛，其余各节较光滑。

　　地理分布　在中国南海有分布。

　　生态习性　生活于珊瑚礁浅水中。

80. 光滑异装蟹 *Heteropanope glabra* Stimpson，1858

分类地位 节肢动物门 Arthropoda 软甲纲 Malacostraca 十足目 Decapoda 毛刺蟹科 Pilumnidae 异装蟹属 *Heteropanope*

鉴定特征 头胸甲表面光滑，分区不明显，前后略微隆起。背眼缘有细小锯齿，腹眼缘锯齿明显。第二触角基节很短。螯足不甚对称；腕节、掌节略显肿胀，表面光滑；腕节的内末角突出呈齿状，两指除基部外呈黑色。步足细长，略具刚毛。

地理分布 在中国南海有分布。

生态习性 生活于海滨沼泽地带。

81. 礁石假团扇蟹 *Pseudozius caystrus*（Adoms et White，1849）

分类地位　节肢动物门 Arthropoda 软甲纲 Malacostraca 十足目 Decapoda 假团扇蟹科 Pseudoziidae 假团扇蟹属 *Pseudozius*

鉴定特征　头胸甲表面扁平、光滑，分区不明显，额后隆脊稍可辨。两螯光滑，很不对称，掌节背面具麻点。大螯足可动指中部及不动指基部各具 1 枚钝齿。小螯足可动指基半部具小颗粒齿 2 枚，不动指内缘齿不明显。步足长节后缘及末两节的前、后缘具长短不等的刚毛。

地理分布　在中国南海有分布。

生态习性　生活于珊瑚礁浅水中。

82. 日本大眼蟹 *Macrophthalmus*（*Mareotis*）*japonicus*（De Haan, 1835）

俗　　名　沙蟹

分类地位　节肢动物门 Arthropoda 软甲纲 Malacostraca 十足目 Decapoda 大眼蟹科 Macrophthalmidae 大眼蟹属 *Macrophthalmus*

鉴定特征　头胸甲表面具颗粒及软毛，雄性的尤密。鳃区有 2 条平行的横行浅沟。心、肠区连成 T 形。螯足左右对称。雄蟹长节内腹面密具短绒毛，掌节较光滑、无绒毛。两指间几乎无缝隙，可动指内缘基部具一横切形大齿。

地理分布　在中国沿海均有分布。

生态习性　穴居于近海潮间带或河口处的泥沙滩上。

经济价值　可食用。

83. 长腕和尚蟹 *Mictyris longicarpus* Latreille，1806

分类地位 节肢动物门 Arthropoda 软甲纲 Malacostraca 十足目 Decapoda 和尚蟹科 Mictyridae 和尚蟹属 *Mictyris*

鉴定特征 头胸甲呈圆球形，长稍大于宽，淡蓝色。胃区、心区两边的纵沟明显。前侧角呈刺状突起，后缘直，有软毛。螯足对称，长节下缘具 3～4 枚刺，可动指内缘基部具 1 枚钝齿。步足白色且细长，基部有一截呈红色。

地理分布 在中国东海、台湾海域和南海有分布。

生态习性 生活于河口的泥滩上。

经济价值 可制成美食"沙蟹酱"。

84. 宽身闭口蟹 *Cleistostoma dilatatum*（De Haan，1833）

分类地位　节肢动物门 Arthropoda 软甲纲 Malacostraca 十足目 Decapoda 猴面蟹科 Camptandriidae 闭口蟹属 *Cleistostoma*

鉴定特征　头胸甲背面中部隆起，表面密布绒毛并间具刚毛。螯足瘦小；长节边缘具细齿；腕节背面光滑；掌节背、腹缘具细小颗粒，内外侧面均光滑。步足长节宽大，腹面光滑。除第一对步足长节外，其余步足长节背面均密布绒毛，背面前半部有一弧形隆线。

地理分布　在中国沿海均有分布。

生态习性　穴居于河口的泥滩上，或生活在与海水相通的泥潭中。

85. 锯脚泥蟹 *Ilyoplax dentimerosa* Shen，1932

分类地位　节肢动物门 Arthropoda 软甲纲 Malacostraca 十足目 Decapoda 毛带蟹科 Dotillidae 泥蟹属 *Ilyoplax*

鉴定特征　头胸甲表面分布有短刚毛的颗粒。眼窝的背、腹缘均具颗粒，侧缘具细小颗粒及短刚毛。螯足长节内侧面具一鼓膜；掌节外侧面光滑，腹面及内侧面的基部均有颗粒，背、腹缘各具一条颗粒隆线。步足无毛。

地理分布　在中国主要分布于黄海的山东半岛沿岸。

生态习性　穴居于低潮线的泥滩上。

86. 弧边招潮蟹 *Uca arcuata*（De Haan，1835）

俗　　名　红钳蟹

分类地位　节肢动物门 Arthropoda 软甲纲 Malacostraca 十足目 Decapoda 沙蟹科 Ocypodidae 招潮蟹属 *Uca*

鉴定特征　头胸甲前宽后窄，表面光滑。额窄，呈圆形，中部有一向后延伸的细缝。眼柄细长。雄性螯足极不对称，大螯足腕节与掌节的外侧面具粗糙颗粒。两指侧扁，其长度约为掌节长的 1.3 倍。雌性螯足小而对称。

地理分布　在中国黄海、东海、台湾海域和南海有分布。

生态习性　穴居于港湾的沼泽泥滩上，为红树林湿地常见的一种招潮蟹。

经济价值　味道鲜美，营养丰富，可鲜食或制成蟹酱，其副产品亦可加工成动物饲料。

87. 纠结招潮蟹 *Uca perplexa*（H. Milne-Edwards，1852）

俗　　名　白脚仙

分类地位　节肢动物门 Arthropoda 甲壳纲 Malacostraca 十足目 Decapoda 沙蟹科 Ocypodidae 招潮蟹属 *Uca*

鉴定特征　头胸甲呈梯形，前宽后窄，有醒目的黑白相间的斑纹。额窄，眼眶宽，眼柄细长。眼窝外齿向外突出。大螯足鲜黄色，指端附近的三角齿明显。步足有条纹。雄性的一螯足总是较另一螯足大得多，小螯足极小。

地理分布　在中国主要分布于台湾海域沿海。

生态习性　栖息于海湾珊瑚礁或岩礁的泥沙滩，取食藻类和泥沙中的有机物。

88. 四齿大额蟹 *Metopograpsus quadridentatus* Stimpson，1858

分类地位　节肢动物门 Arthropoda 软甲纲 Malacostraca 十足目 Decapoda 方蟹科 Grapsidae 大额蟹属 *Metopograpsus*

鉴定特征　头胸甲近方形，宽大于长，表面较平滑，分区不甚明显。额宽约为头胸甲宽的 3/5。额后隆脊分 4 叶，各叶表面具横行皱纹。两侧缘近平直。外眼窝角后具 1 枚小锐齿。螯足长节腹内缘基半部具 3～4 枚锯齿；末部突出呈叶状，具 3 枚大锐齿及 1～2 枚小齿。

地理分布　在中国东海和南海有分布。

生态习性　生活在低潮线的岩石缝中或石块下。

经济价值　可食用。

89. 双齿近相手蟹 *Parasesarma bidens*（de Haan，1835）

分类地位　节肢动物门 Arthropoda 甲壳纲 Malacostraca 十足目 Decapoda 相手蟹科 Sesarmidae 近相手蟹属 *Parasesarma*

鉴定特征　头胸甲近方形，背部平坦，表面具隆线及短刚毛。前侧缘及外眼窝共有 2 枚齿。螯足掌节背面有 2 条斜行的梳状隆脊；可动指背缘具 1 条隆脊，含 11 ～ 12 个卵圆形疣状突起，隆脊内侧具一列微细颗粒。腹部三角形，尾节末缘半圆形。

地理分布　在中国东海、台湾海域和南海有分布。

生态习性　生活于近河口的泥滩上，能到离水较远处活动。

经济价值　属于观赏蟹类。

90. 斑点近相手蟹 *Parasesarma pictum*（de Haan，1835）

　　分类地位　节肢动物门 Arthropoda 软甲纲 Malacostraca 十足目 Decapoda 相手蟹科 Sesarmidae 近相手蟹属 *Parasesarma*

　　鉴定特征　头胸甲长方形，长稍大于宽，表面隆起。螯足掌节厚而短，背面具 1～2 列梳状栉和数条斜行颗粒隆线。雄性螯足可动指背缘突起为 13～20 个，雌性螯足的仅 10 个。雄性第一腹肢末端圆钝，稍弯向外方。

　　地理分布　在中国黄海、东海、台湾海域和南海有分布。

　　生态习性　生活于低潮线的石块下及石块附近。

　　经济价值　属于观赏蟹类。

91. 褶痕近相手蟹 *Parasesarma plicatum*（Latreille，1803）

　　分类地位　节肢动物门 Arthropoda 软甲纲 Malacostraca 十足目 Decapoda 相手蟹科 Sesarmidae 近相手蟹属 *Parasesarma*

　　鉴定特征　头胸甲近方形，宽大于长，表面隆起，具数条短小横沟，额后部具 4 个明显突起。眼窝宽，眼柄粗。鳃区外侧有 6 条斜行的颗粒隆线。可动指背缘突起 7 ～ 10 个。雄性第一腹肢末端尖锐，指向外方。

　　地理分布　中国黄海、东海、台湾海域和南海有分布。

　　生态习性　生活于泥滩石块下。

92. 天津厚蟹 *Helice tientsinensis* Rathbun，1931

俗　　名　烧夹子、螃蜞

分类地位　节肢动物门 Arthropoda 软甲纲 Malacostraca 十足目 Decapoda 弓蟹科 Varunidae 厚蟹属 *Helice*

鉴定特征　头胸甲呈方形，宽稍大于长，表面隆起，具凹点，分区明显，各区之间有细沟相隔。下眼窝隆脊具突起 18 个以上，下眼缘中部有 4～6 个纵长形突起，内侧 10 余个突起愈合，外侧有 14～30 个圆形突起。雄性腹部第 6 节的侧缘近末部呈角状。

地理分布　在中国沿海均有分布。

生态习性　穴居于河口的泥滩或通海河流的泥岸上。

经济价值　可食用。

93. 长足长方蟹 *Metaplax longipes* Stimpson，1858

分类地位 节肢动物门 Arthropoda 软甲纲 Malacostraca 十足目 Decapoda 弓蟹科 Varunidae 长方蟹属 *Metaplax*

鉴定特征 头胸甲呈横长方形，鳃区有 2 条横沟。额前缘中部稍凹，表面有一纵沟向胃区两侧延伸。眼窝下缘隆脊具 9～17 个突起；内侧的 4～5 枚齿延长，外侧的渐小。外眼窝角呈锐三角形，侧缘具 4 枚齿。螯足长节背缘及腹内缘均具锯齿，后者居中部处具一发声隆脊。

地理分布 在中国东海、南海有分布。

生态习性 栖息于潮间带淤泥质底或红树林泥滩上。

经济价值 可食用。

肢口纲 Merostomata

94. 中国鲎 *Tachypleus tridentatus*（Leach，1819）

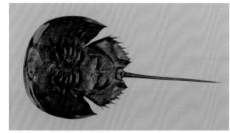

俗　　名　三刺鲎、中华鲎、东方鲎

英 文 名　Tri-spine Horseshoe Crab、Horseshoe Crab、Chinese Horseshoe Crab

分类地位　节肢动物门 Arthropoda 肢口纲 Merostomata 剑尾目 Xiphosurida 鲎科 Limulidae 亚洲鲎属 *Tachypleus*

鉴定特征　体近似瓢形，分为头胸部、腹部和尾部。体表覆盖几丁质外骨骼，呈黑褐色。头胸部具发达的马蹄形背甲。头胸甲宽广，呈半月形，腹面有6对附肢。腹甲较小，略呈六角形；两侧有若干锐棘；下面有6对片状游泳肢，后5对上各有1对鳃。尾呈剑状。

地理分布　中国东海、台湾海域和南海有分布。

生态习性　生活在浅海沙质底，摄食环节动物、软体动物及海底藻类。

经济价值　可用于制备能够检测细菌毒素的试剂。

中国鲎被称作活化石，是国家二级保护野生动物。

五、鱼类

软骨鱼纲 Chondrichthyes

95. 舌形双鳍电鳐 *Narcine lingula* Richardson，1846

俗　　名　雷鱼

英 文 名　Chinese Numbfish

分类地位　软骨鱼纲 Chondrichthyes 电鳐目 Torpediniformes 双鳍电鳐科 Narcinidae 双鳍电鳐属 *Narcine*

鉴定特征　第一背鳍起点位于腹鳍基底末端远后方。体盘圆形，宽与长约相等。体背面棕褐色，密布中等大暗褐色圆斑，有时圆斑相连成不规则条纹。各鳍颜色与体色相同，鳍上具少许圆斑。

地理分布　在中国分布于东海、台湾海域和南海。

生态习性　栖息于沙泥底质海域，摄食无脊椎动物。

经济价值　无食用价值，有观赏性。

濒危等级　易危（VU）。

辐鳍鱼纲 Actinopterygii

96. 大鳍蠕蛇鳗 *Scolecenchelys macroptera*（Bleeker, 1857）

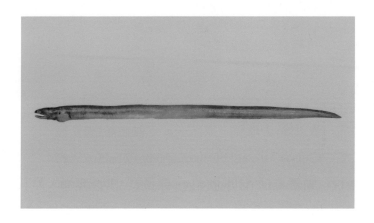

俗　　名　大鳍虫鳗

英 文 名　Narrow Worm Eel

分类地位　辐鳍鱼纲 Actinopterygii 鳗鲡目 Anguilliformes 蛇鳗科 Ophichthidae 蠕蛇鳗属 *Scolecenchelys*

鉴定特征　眼位于口裂中部上方。无胸鳍。背鳍起点约位于鳃孔到肛门距离的中点上方。体灰色，胸部银白色。沿着头部至尾端遍布黑色小点。背鳍、臀鳍为白色且略透明，尾鳍灰黑色。

地理分布　在中国分布于东海南部和南海。

生态习性　栖息于沙泥底质海域，摄食小型鱼类及甲壳动物。

经济价值　为罕见种，经济价值不高。

濒危等级　无危（LC）。

97. 花鰶 *Clupanodon thrissa*（Linnaeus，1758）

俗　　名　盾齿鰶、多斑鰶

英 文 名　Chinese Gizzard Shad

分类地位　辐鳍鱼纲 Actinopterygii 鲱形目 Clupeiformes 鲱科 Clupeidae 花鰶属 *Clupanodon*

鉴定特征　背鳍末端鳍条呈丝状延长，胸鳍和腹鳍基部具腋鳞。体背部绿褐色，体侧下方和腹部银白色。鳃盖后上方体侧具 4 ～ 9 个大型暗色圆斑。

地理分布　在中国分布于台湾海域和南海。

生态习性　为中上层洄游性鱼类，有时进入河口区、内湾或潟湖区产卵，摄食浮游生物。

经济价值　常晒成鱼干或制成鱼粉作为饲料制备的原料。

濒危等级　无危（LC）。

98. 斑鰶 *Konosirus punctatus*（Temminck et Schlegel，1846）

俗　　名　油鱼、海鲫仔

英 文 名　Dotted Gizzard Shad

分类地位　辐鳍鱼纲 Actinopterygii 鲱形目 Clupeiformes 鲱科 Clupeidae 斑鰶属 *Konosirus*

鉴定特征　无侧线。背鳍末端鳍条呈丝状延长，胸鳍和腹鳍基部具腋鳞。头和体背部青绿色，体侧下方和腹部银白色。鳃盖后上方具一大黑斑，其后有 7～9 条褐绿色点状纵纹。背鳍、胸鳍、尾鳍淡黄色，其余鳍色淡。背缘和臀鳍后缘呈黑色。

地理分布　在中国分布于各沿海。

生态习性　栖息于水深 50 m 以浅的近海、港湾和河口，摄食浮游生物和小型底栖生物。

经济价值　为小型为食用经济鱼类，肉嫩味美，含脂量较高。

濒危等级　无危（LC）。

99. 日本海鰶 *Nematalosa japonica* **Regan**，1917

俗　　名　日本水滑、扁屏仔

英 文 名　Japanese Gizzard Shad

分类地位　辐鳍鱼纲 Actinopterygii 鲱形目 Clupeiformes 鲱科 Clupeidae 海鰶属 *Nematalosa*

鉴定特征　背鳍末端鳍条呈丝状延长，胸鳍和腹鳍基部具腋鳞。腹缘具锯齿状棱鳞。体背部绿褐色，体侧下方和腹部银白色。鳃盖后上方具一大黑斑，其后有数条黑色点状纵带。背鳍、胸鳍、尾鳍淡黄色，其余鳍色淡。

地理分布　在中国分布于东海、台湾海域和南海。

生态习性　为近海中底层洄游性鱼类，常进入河口、内湾或潟湖区产卵，摄食浮游生物。

经济价值　以生鲜、干制品或盐渍品出售。

濒危等级　数据缺乏（DD）。

100. 圆吻海鰶 *Nematalosa nasus*（Bloch，1795）

俗　　名　黄肠鱼、扁屏仔

英 文 名　Bloch's Gizzard Shad

分类地位　辐鳍鱼纲 Actinopterygii 鲱形目 Clupeiformes 鲱科 Clupeidae 海鰶属 *Nematalosa*

鉴定特征　下颌前缘（齿骨缘）显著向外折卷。背鳍末端鳍条呈丝状延长，胸鳍和腹鳍基部具腋鳞。腹缘具锯齿状棱鳞。体背部绿褐色，体侧下方和腹部银白色。鳃盖后上方具一大黑斑，其后有数条黑色点状纵带。背鳍、尾鳍淡黄绿色，边缘黑色，其余鳍色淡。

地理分布　在中国分布于东海、台湾海域和南海。

生态习性　栖息于水深 30 m 以浅的近海、港湾和河口，以小型无脊椎动物为食，有集群洄游习性和强趋光性。

经济价值　以生鲜、干制品或腌渍品出售。

濒危等级　无危（LC）。

101. 中颌棱鳀 *Thryssa mystax*（Bloch et Schneider，1801）

俗　　名　长须紫鱼、油条

英 文 名　Moustached Thryssa

分类地位　辐鳍鱼纲 Actinopterygii 鲱形目 Clupeiformes 鳀科 Engraulidae 棱鳀属 *Thryssa*

鉴定特征　上颌骨末端伸达胸鳍基底，下鳃耙数为 14～16。背鳍具一硬棘，鳍条数为 14～15。臀鳍基部长，始于背鳍中部下方。体背部青色，体侧银白色，吻部淡黄色。鳃盖后方具 1 个青黄色大斑。胸鳍和尾鳍黄色。

地理分布　在中国沿海均有分布。

生态习性　栖息于沿海（包括河口区），食浮游生物。

经济价值　肉味鲜美，含脂量高。

濒危等级　无危（LC）。

102. 前鳞龟鲹 *Chelon affinis*（Günther，1861）

俗　　名　豆仔鱼、乌仔

英 文 名　Eastern Keelback Mullet

分类地位　辐鳍鱼纲 Actinopterygii 鲻形目 Mugiliformes 鲻科 Mugilidae 龟鲹属 *Chelon*

鉴定特征　唇薄；上唇有 1 行小唇齿；下唇仅为一高耸小丘；无唇齿。鳃耙繁密细长。第一背鳍中线具一隆嵴。胸鳍基部无蓝斑或黑点，腋鳞发达。体背部褐色，体侧及腹部银白色。除腹鳍为白色外，其余各鳍为橄榄绿至暗色。

地理分布　在中国分布于黄海、东海、台湾海域和南海。

生态习性　栖息于沿岸沙泥底质海域，以底泥中的有机碎屑或水层中的浮游生物为食。

经济价值　为经济食用鱼类，肉适合煮汤或红烧。

濒危等级　未予评估（NE）。

103. 绿背龟鲮 *Chelon subviridis*（Valenciennes，1836）

俗　　名　豆仔鱼、白鲮

英 文 名　Greenback Mullet

分类地位　辐鳍鱼纲 Actinopterygii 鲻形目 Mugiliformes 鲻科 Mugilidae 龟鲮属 *Chelon*

鉴定特征　脂眼睑发达而厚。唇薄；上唇有多行细唇齿；下唇为一高耸小丘，具 1 行绒毛状唇齿。眶前骨窄，前缘有缺刻。体背部暗褐色，体侧银白色，尾缘黑色。胸鳍基部银白色，有少量黑色素。虹膜有金色环。

地理分布　在中国分布于台湾海域和南海。

生态习性　栖息于沿岸沙泥底质海域，以底泥中的有机碎屑或水层中的浮游生物为食。

经济价值　为经济食用鱼类，肉适合煮汤或红烧。

濒危等级　无危（LC）。

104. 宽头龟鲅 *Chelon planiceps*（Valenciennes，1836）

俗　　名　大鳞鲅

英 文 名　Tade Gray Mullet

分类地位　辐鳍鱼纲 Actinopterygii 鲻形目 Mugiliformes 鲻科 Mugilidae 龟鲅属 *Chelon*

鉴定特征　吻较尖，头部略平扁，两侧圆凸。胸鳍长小于吻后头长。腋鳞很小或不存在。纵列鳞数为 32～35，背鳍前鳞数为 18～20。体背部青灰色，体侧和腹部银白色，体侧上部常有 5～9 条暗色纵带。

地理分布　在中国分布于南海。

生态习性　栖息于沿岸沙泥底质的海域，以底泥中的有机碎屑或水层中的浮游生物为食。

经济价值　为经济食用鱼类，肉适合煮汤或红烧。

濒危等级　无危（LC）。

105. 黄鲻 *Ellochelon vaigiensis*（Quoy et Gaimard，1825）

俗　　名　截尾鲹、乌仔

英 文 名　Squaretail Mullet

分类地位　辐鳍鱼纲 Actinopterygii 鲻形目 Mugiliformes 鲻科 Mugilidae 黄鲻属 *Ellochelon*

鉴定特征　脂眼睑不发达。成鱼无颌齿。上、下唇光滑，无突起。眶下侧线感觉管不发达。背无隆嵴。尾鳍后缘浅凹或平截。体背部褐色，体侧及腹部银白色。体侧或有约 6 条由暗色鳞片组成的纵带。背鳍、胸鳍有蓝黑色缘，臀鳍、腹鳍、尾鳍黄色。

地理分布　在中国分布于台湾海域和南海。

生态习性　栖息于沿岸沙泥底质海域，以底泥中的有机碎屑或水层中的浮游生物为食。

经济价值　为经济食用鱼类，肉适合煮汤或红烧。

濒危等级　无危（LC）。

106. 佩氏莫鲻 *Moolgarda perusii*（Valenciennes，1836）

俗　　名　帕氏凡鲻、乌鱼

英 文 名　Longfinned Mullet

分类地位　辐鳍鱼纲 Actinopterygii 鲻形目 Mugiliformes 鲻科 Mugilidae 莫鲻属 *Moolgarda*

鉴定特征　眶前骨具锯齿。背无隆嵴。上颌骨纤细而弱，后角向下弯曲。头部鳞片始于后鼻孔上方。胸鳍、腹鳍腋鳞发达。体背部灰绿色，体侧银白色，腹部渐次转为白色。各鳍略呈暗色而有颜色较暗的边缘。胸鳍基部无色，有一大黑斑。

地理分布　在中国分布于台湾海域和南海。

生态习性　栖息于沿岸沙泥底质海域，以底泥中的有机碎屑或水层中的浮游生物为食。

经济价值　为经济食用鱼类，肉适合煮汤或红烧。

濒危等级　无危（LC）。

107. 斑鱵 *Hemiramphus far*（Forsskål，1775）

俗　　名　补网师、水针

英 文 名　Black-Barred Halfbeak

分类地位　辐鳍鱼纲 Actinopterygii 颌针鱼目 Beloniformes 鱵科 Hemiramphidae 鱵属 *Hemiramphus*

鉴定特征　上颌短，呈三角形。下颌细长呈鸟喙状，黑色，前端红色。背鳍长仅为基底长的 1/2，背鳍基底长约为臀鳍基底长的 2 倍。体背部淡灰蓝色；腹部白色；体侧中间有 1 条银白色纵带，另有 3～9 个黑色横斑。

地理分布　在中国分布于东海、台湾海域和南海。

生态习性　栖息于大陆沿岸或岛屿四周较干净的水域表层，常在水流平静的内湾，食藻类等浮游生物。

经济价值　幼鱼偶作为观赏鱼；成鱼肉味美，可油煎或盐渍。

濒危等级　未予评估（NE）。

108. 横带棘线鲬 *Grammoplites scaber*（Linnaeus，1758）

俗　　名　竹甲、狗祈仔

英 文 名　Rough Flathead

分类地位　辐鳍鱼纲 Actinopterygii 鲉形目 Scorpaeniformes 鲬科 Platycephalidae 棘线鲬属 *Grammoplites*

鉴定特征　头侧有 2 条纵棱。侧线鳞具单一开口，均有中央棘。体上部呈棕色，背侧具 4 条黑褐色宽横纹。第一背鳍有非常小的斑点，形成 1 块明显的黑斑。第二背鳍、臀鳍及尾鳍有数列棕色斑点。

地理分布　在中国分布于东海、台湾海域和南海。

生态习性　生活在浅海或较深的沙泥底中，以小鱼及甲壳动物为食。

经济价值　个体较小，可食用。

濒危等级　未予评估（NE）。

109. 鲬 *Platycephalus indicus*（Linnaeus，1758）

俗　　名　印度鲬、竹甲

英 文 名　Bartail Flathead

分类地位　辐鳍鱼纲 Actinopterygii 鲉形目 Scorpaeniformes 鲬科 Platycephalidae 鲬属 *Platycephalus*

鉴定特征　头大，平扁，棘棱低弱。侧线鳞具单一开口，均无棘。体背部褐色，具 8～9 个不规则云状斑；腹部淡黄色。背鳍、胸鳍及腹鳍均有棕色小斑点。尾鳍中间黄色，具有 3～4 条黑色横带，各黑带具白缘。

地理分布　在中国沿海均有分布。

生态习性　栖息于沿岸沙泥底质的海域，以底栖鱼类或无脊椎动物为食。

经济价值　肉细嫩味美，可油煎、清蒸或煮汤。

濒危等级　数据缺乏（DD）。

110. 眶棘双边鱼 *Ambassis gymnocephalus*（Lacepède，1802）

俗　　名　裸头双边鱼、玻璃鱼

英 文 名　Bald Glassy

分类地位　辐鳍鱼纲 Actinopterygii 鲈形目 Perciformes 双边鱼科 Ambassidae 双边鱼属 *Ambassis*

鉴定特征　有眶上棘。背鳍前鳞 14～17 枚，颊鳞 2 列。侧线中断。体银白色。背鳍第二、第三鳍棘间的鳍膜黑色，第二背鳍后上方的鳍膜淡灰色。尾鳍无色。

地理分布　在中国分布于东海、台湾海域和南海。

生态习性　栖息于河口、河川下游等浅水域，以小鱼及甲壳动物为食。

经济价值　个体小，无食用价值。

濒危等级　无危（LC）。

111. 条纹鸡笼鲳 *Drepane longimana*（Bloch et Schneider，1801）

俗　　名　　铜盘仔、香鲳

英 文 名　　Concertina Fish

分类地位　　辐鳍鱼纲 Actinopterygii 鲈形目 Perciformes 鸡笼鲳科 Drepaneidae 鸡笼鲳属 *Drepane*

鉴定特征　　体侧面观近菱形，侧扁而高。头部陡斜。口小，可向下突出。鳃盖膜连于颊部，不愈合成皮褶。侧线弧形。背鳍、臀鳍鳍条部呈圆弧形。胸鳍尖长，呈镰刀状。尾鳍双截形或后缘圆弧形。体灰色，体侧具 4～9 条暗色横带。各鳍淡黄色。

地理分布　　在中国分布于东海、台湾海域和南海。

生态习性　　栖息于温暖的沿海礁区及礁石与泥沙交错的海域，摄食藻类及小型底栖无脊椎动物。

经济价值　　中等大小，肉细嫩，为经济食用鱼类，亦有观赏价值。

濒危等级　　未予评估（NE）。

112. 日本银鲈 *Gerres japonicus* Bleeker，1854

俗　　名　碗米仔

英　文　名　Japanese Silver-Biddy

分类地位　辐鳍鱼纲 Actinopterygii 鲈形目 Perciformes 银鲈科 Gerreidae 银鲈属 *Gerres*

鉴定特征　口小唇薄，能伸缩自如。侧线完全，与背缘平行。背鳍鳍棘 10 枚，第二鳍棘最长。体背部呈淡橄榄绿色，体侧银白色。背鳍、尾鳍黄褐色，腹鳍、臀鳍及胸鳍前端黄色而后部白色。

地理分布　在中国分布于东海、台湾海域和南海。

生态习性　栖息于沿岸的沙泥底质水域，幼鱼摄食浮游动物，成鱼捕食底栖生物。

经济价值　为食用经济鱼类，可生鲜或腌渍，适合煎、炸食用。

濒危等级　未予评估（NE）。

113. 缘边银鲈 *Gerres limbatus* Cuvier，1830

俗　　名　碗米仔

英 文 名　Saddleback Silver-Biddy

分类地位　辐鳍鱼纲 Actinopterygii 鲈形目 Perciformes 银鲈科 Gerreidae 银鲈属 Gerres

鉴定特征　两颌齿细小，呈绒毛带状。犁骨、腭骨及舌上无齿。体背部银灰色，腹部银白色。体侧隐约可见4条由背前缘延伸至体侧中央的暗色斑带。背鳍淡灰黄色，第二至第四鳍棘棘膜端部黑色。尾鳍灰黄色，其余鳍呈淡黄色。

地理分布　在中国分布于东海、台湾海域和南海。

生态习性　栖息于河口区及沿岸浅海，主要掘食在沙泥地中躲藏的底栖生物。

经济价值　为食用经济鱼类，可生鲜或腌渍，适合煎、炸食用。

濒危等级　无危（LC）。

114. 奥奈银鲈 *Gerres oyena*（Forsskål，1775）

俗　　名　碗米仔

英 文 名　Common Silver-Biddy

分类地位　辐鳍鱼纲 Actinopterygii 鲈形目 Perciformes 银鲈科 Gerreidae 银鲈属 *Gerres*

鉴定特征　体侧面观呈长椭圆形，极侧扁。吻背面具 U 形无鳞区。背鳍第二鳍棘不延长，背鳍、臀鳍基部具鳞鞘。胸鳍可达肛门上方。体背部银灰色，腹部银白色。体侧隐约可见 7～8 条横带，幼鱼时横带较明显。尾鳍灰黄色，各鳍淡黄色。背鳍鳍棘部顶端黑色。

地理分布　在中国分布于东海、台湾海域和南海。

生态习性　栖息于泥沙底质近岸或港湾，有时进入岩礁周围，以底栖动物为食。

经济价值　偶见种，数量少，为食用经济鱼类。

濒危等级　无危（LC）。

115. 大斑石鲈 *Pomadasys maculatus*（Bloch，1793）

俗　　名　斑鸡鱼、鸡仔鱼

英 文 名　Saddle Grunt

分类地位　辐鳍鱼纲 Actinopterygii 鲈形目 Perciformes 石鲈科 Haemulidae 石鲈属 *Pomadasys*

鉴定特征　下颌腹面有 2 个小颏孔，颏部具一长而深的中间沟。体背部银灰色，腹部银白色至灰黄色。体侧具数个大小不等的深色指印状斑，颈背部横行大鞍状斑向下伸至侧线下第二行鳞。背鳍鳍棘部具一大黑斑，鳍条部外缘灰黑色。

地理分布　在中国分布于东海、台湾海域和南海。

生态习性　栖息于沿岸泥或泥沙底质的海域，以小鱼、甲壳动物或沙泥底中的软体动物为食。

经济价值　为食用经济鱼类。

濒危等级　无危（LC）。

116. 中国花鲈 *Lateolabrax maculatus*（McClelland，1844）

俗　　名　鲈鱼、寨花

英 文 名　Spotted Seaperch

分类地位　辐鳍鱼纲 Actinopterygii 鲈形目 Perciformes 花鲈科 Lateolabracidae 花鲈属 *Lateolabrax*

鉴定特征　口大，前位，下颌突出于上颌。上、下颌和犁骨、腭骨上均具绒毛状齿群。侧线完全。背鳍和臀鳍鳍条部具鳞鞘。体侧银白色，背部青灰色，腹部灰白色。体侧线以上及背鳍上散布黑色斑点。各鳍灰白色或灰黑色。背鳍鳍条部后缘及尾鳍边缘黑色。

地理分布　在中国沿海（包括河口区）均有分布。

生态习性　喜栖息于河口、海淡水交汇处，食小鱼和甲壳动物。

经济价值　肉味鲜美，食用经济价值高。

濒危等级　未予评估（NE）。

117. 短吻鲾 *Leiognathus brevirostris*（Valenciennes，1835）

俗　　名　金钱仔、油鳞

英 文 名　Shortnose Ponyfish

分类地位　辐鳍鱼纲 Actinopterygii 鲈形目 Perciformes 鲾科 Leiognathidae 鲾属 *Leiognathus*

鉴定特征　背鳍第一鳍棘短小，第二鳍棘最长，第三、第四鳍棘前下缘具细锯齿。体侧上半部银灰褐色，具垂直波浪状斑纹；体侧下半部银白色。吻上端褐色。项部具一棕色鞍状斑。背鳍上半部和臀鳍下半部橘黄色，背鳍前部鳍棘上方具灰黑色斑。胸鳍淡黄色，尾鳍后缘橘黄色，腹鳍色淡。

地理分布　在中国分布于东海、台湾海域和南海。

生态习性　栖息于沙泥底质的近海和港湾，摄食小型浮游生物。

经济价值　个体小，为食用经济鱼类。

濒危等级　未予评估（NE）。

118. 短棘鲾 *Leiognathus equulus*（Forsskål，1775）

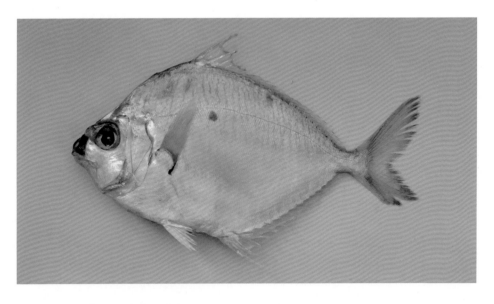

俗　　名　三角仔、狗腰

英 文 名　Common Ponyfish

分类地位　辐鳍鱼纲 Actinopterygii 鲈形目 Perciformes 鲾科 Leiognathidae 鲾属 *Leiognathus*

鉴定特征　口向下伸出。背鳍第一鳍棘短小，第二鳍棘稍延长。体背部和体侧上半部灰青色，具许多排列紧密但不明显的暗色竖直细纹，体侧下半部银白色。吻端具黑点。胸鳍腋部黑色，腹鳍乳白色，尾鳍后缘灰色至暗黄色。

地理分布　在中国分布于东海、台湾海域和南海。

生态习性　栖息于沙泥底质的近海和港湾，摄食小型底栖动物。

经济价值　肉细嫩，为食用经济鱼类。

濒危等级　无危（LC）。

119. 扁裸颊鲷 *Lethrinus lentjan*（Lacepède，1802）

俗　　名　龙尖、龙占

英 文 名　Pink Ear Emperor

分类地位　辐鳍鱼纲 Actinopterygii 鲈形目 Perciformes 裸颊鲷科 Lethrinidae 裸颊鲷属 *Lethrinus*

鉴定特征　两颌前端具圆锥形犬齿，其后有绒毛状齿丛，两侧具臼齿状齿。颊部无鳞。体背部灰褐色至绿褐色，腹部淡灰色。体侧上半部鳞片有白点。鳃盖后缘皮膜红色。胸鳍基有时红色。尾鳍橘红色，有深色横纹。其余鳍灰黄色至灰红色。

地理分布　在中国分布于台湾海域和南海。

生态习性　栖息于珊瑚礁外缘或岩礁周围，以甲壳动物、软体动物及小鱼为食。

经济价值　肉味鲜美，为名贵的食用经济鱼类。

濒危等级　无危（LC）。

120. 马拉巴笛鲷 *Lutjanus malabaricus*（Bloch et Schneider，1801）

俗　　名　赤海、赤笔仔

英 文 名　Malabar Blood Snapper

分类地位　辐鳍鱼纲 Actinopterygii 鲈形目 Perciformes 笛鲷科 Lutjanidae 笛鲷属 *Lutjanus*

鉴定特征　背鳍鳍条部后端尖锐。体侧无纵带,尾柄背部具鞍状斑。侧线上方鳞片斜向后背缘,下方鳞片与体轴平行。体红色,腹部色稍淡。幼鱼背鳍起点至吻端处有一暗色斜带。各鳍红色。

地理分布　在中国分布于东海、台湾海域和南海。

生态习性　幼鱼栖息于沙泥或岩礁底质浅水域,成鱼生活于较深海域,以底栖甲壳动物和鱼类为食。

经济价值　肉味鲜美,为名贵的食用经济鱼类。

濒危等级　无危(LC)。

121. 单带眶棘鲈 *Scolopsis monogramma*（Cuvier，1830）

俗　　名　赤尾冬仔、黄点赤尾冬

英 文 名　Monogrammed Monocle Bream

分类地位　辐鳍鱼纲 Actinopterygii 鲈形目 Perciformes 金线鱼科 Nemipteridae 眶棘鲈属 *Scolopsis*

鉴定特征　腹侧鳞片具黄点，形成纵横交错的点状线。吻部具 3 条蓝色纵纹。体背部橄榄绿色，腹部灰白色。幼鱼体侧自吻端至尾鳍基有 1 条褐色宽纵带，成鱼的不明显。体侧上半部有不显著的暗色斜带。尾鳍凹形。背鳍、尾鳍黄褐色，其余鳍色淡。

地理分布　在中国分布于东海、台湾海域和南海。

生态习性　幼鱼栖息于海藻茂盛的海域，成鱼活动在砾石底，以小型底栖无脊椎动物为食。

经济价值　为食用经济鱼类，但产量低。

濒危等级　无危（LC）。

122. 伏氏眶棘鲈 *Scolopsis vosmeri*（Bloch，1792）

俗　　名　赤尾冬仔、白颈赤尾冬

英 文 名　Whitecheek Monocle Bream

分类地位　辐鳍鱼纲 Actinopterygii 鲈形目 Perciformes 金线鱼科 Nemipteridae 眶棘鲈属 *Scolopsis*

鉴定特征　眶下骨较窄，有一明显向后棘。臀鳍第二鳍棘粗大，胸鳍钝圆。体紫红色。从颈背部至鳃盖下缘有一半月形白斑。鳃膜深红色。吻端、鳃盖后下缘呈橘红色。鳃盖棘和胸鳍基部各有一褐色斑。尾鳍黄色。

地理分布　在中国分布于东海、台湾海域和南海。

生态习性　栖息于岩礁周围或外围的沙泥底质海域，食小型底栖甲壳动物、软体动物及小鱼。

经济价值　为食用经济鱼类。

濒危等级　无危（LC）。

123. 金钱鱼 *Scatophagus argus*（Linnaeus，1766）

俗　　名　金鼓

英 文 名　Spotted Scat

分类地位　辐鳍鱼纲 Actinopterygii 鲈形目 Perciformes 金钱鱼科 Scatophagidae 金钱鱼属 *Scatophagus*

鉴定特征　背部高耸隆起。背鳍有一向前棘，胸鳍短圆。体被小栉鳞，腹鳍具腋鳞。体黄褐色，体侧具许多大小不一的椭圆形黑斑，头部常有 2 条黑色横带。奇鳍上也有黑色斑点。

地理分布　在中国分布于东海、台湾海域和南海。

生态习性　栖息于沿岸多岩礁或海藻丛生的海域，以藻类及小型底栖动物为食。

经济价值　为食用经济鱼类，亦有观赏价值。

濒危等级　无危（LC）。

124. 勒氏枝鳔石首鱼 *Dendrophysa russelii*（Cuvier，1829）

俗　　名　赤鲰、鲰鱼

英 文 名　Goatee Croaker

分类地位　辐鳍鱼纲 Actinopterygii 鲈形目 Perciformes 石首鱼科 Sciaenidae 枝鳔石首鱼属 *Dendrophysa*

鉴定特征　颏孔 5 个。颏部有一短须，须长小于眼径。上颌齿呈绒毛状，下颌齿 1 行。前鳃盖骨边缘具锯齿，主鳃盖骨后缘有一扁棘。体背部银灰色，腹部银白色。项部有一黑褐色大横斑。背鳍鳍棘黑色，其余鳍淡灰色。鳃腔在鳃盖骨内侧有一灰黑色大斑。口腔白色。

地理分布　在中国分布于东海和南海。

生态习性　栖息于沙泥底质近海或河口，以小型甲壳动物为食。

经济价值　肉质好，为食用经济鱼类。

濒危等级　无危（LC）。

125. 皮氏叫姑鱼 *Johnius belangerii*（Cuvier，1830）

俗　　名　加网、叫姑

英 文 名　Belanger's Croaker

分类地位　辐鳍鱼纲 Actinopterygii 鲈形目 Perciformes 石首鱼科 Sciaenidae 叫姑鱼属 *Johnius*

鉴定特征　吻突出，无颏须。下口位。上颌外行齿稍大，下颌内行齿细小。前鳃盖骨边缘具细锯齿。体被栉鳞，侧线上鳞 8～9 行。臀鳍第二鳍棘粗壮。第一背鳍上端黑色。体背部灰褐色，背鳍基下方常有 5～6 个暗斑。腹部淡灰褐色，具银白色光泽。

地理分布　在中国沿海均有分布。

生态习性　栖息于水深 40 m 以浅的沙泥底质或岩礁周围，摄食甲壳动物、多毛类及小鱼等。

经济价值　为食用经济鱼类。

濒危等级　无危（LC）。

126. 杜氏叫姑鱼 *Johnius dussumieri*（Cuvier，1830）

俗　　名　春子、叫姑

英 文 名　Sin Croaker

分类地位　辐鳍鱼纲 Actinopterygii 鲈形目 Perciformes 石首鱼科 Sciaenidae 叫姑鱼属 *Johnius*

鉴定特征　吻稍短钝，颏须粗短，颏长小于瞳孔直径。前鳃盖骨边缘光滑，无锯齿。臀鳍第二鳍棘较短，长度约等于眼径。体背部暗灰褐色，腹部灰白色。背鳍鳍棘部黑褐色，背鳍鳍条部、胸鳍、尾鳍淡褐色，腹鳍和臀鳍色淡。

地理分布　在中国分布于东海、台湾海域和南海。

生态习性　栖息于水深 40 m 以浅的沙泥底质或岩礁周围海域。

经济价值　为食用经济鱼类。

濒危等级　无危（LC）。

127. 斑鳍银姑鱼 *Pennahia pawak*（Lin，1940）

俗　　名　春子、白姑

英 文 名　Pawak Croaker

分类地位　辐鳍鱼纲 Actinopterygii 鲈形目 Perciformes 石首鱼科 Sciaenidae 银姑鱼属 *Pennahia*

鉴定特征　头钝尖，上颌稍长于下颌。上颌外行齿扩大为犬齿状，闭口时外露。两颌前端中部无齿。体背部灰褐色，腹部银白色。鳃盖后缘具紫色斑块。背鳍鳍棘部褐色，第七至第十鳍棘间具有黑斑，鳍条部淡褐色，中间有 1 条浅色纵带。胸鳍和尾鳍淡褐色。

地理分布　在中国分布于东海、台湾海域和南海。

生态习性　栖息于近海的沙泥底质中下层水域，以小鱼、小甲壳动物等底栖动物为食。

经济价值　为食用经济鱼类。

濒危等级　无危（LC）。

128. 少鳞鱚 *Sillago japonica* Temminck et Schlegel，1843

俗　　名　沙钻、沙梭

英 文 名　Japanese Sillago

分类地位　辐鳍鱼纲 Actinopterygii 鲈形目 Perciformes 鱚科 Sillaginidae 鱚属 *Sillago*

鉴定特征　头部尖长，具黏液腔。上颌骨为眶前骨所遮盖。颌骨、犁骨具细齿带。体被小型栉鳞，侧线上鳞 3～4 行。全身具银色光泽；背部灰黄色，腹部色淡。背鳍第 1～3 鳍棘鳍膜间具暗棕色斑点。各鳍透明。

地理分布　在中国沿海均有分布。

生态习性　生活于浅海沙滩或内湾，摄食多毛类和甲壳动物。

经济价值　肉味鲜美，为食用经济鱼类。

濒危等级　无危（LC）。

129. 多鳞鱚 *Sillago sihama*（Forsskål，1775）

俗　　名　沙钻、沙尖

英 文 名　Silver Sillago

分类地位　辐鳍鱼纲 Actinopterygii 鲈形目 Perciformes 鱚科 Sillaginidae 鱚属 *Sillago*

鉴定特征　头部尖长。颌骨、犁骨具齿带。侧线上鳞4～6行。头部至体背部土褐色至淡黄褐色，体侧灰黄色，腹部近白色。背鳍鳍条部具不明显的黑色小点。尾鳍上、下叶末端灰黑色。各鳍透明。

地理分布　在中国沿海均有分布。

生态习性　栖息于沙质近岸浅海、河口、红树林等环境，摄食小型无脊椎动物。

经济价值　肉味鲜美，为食用经济鱼类。

濒危等级　无危（LC）。

130. 澳洲棘鲷 *Acanthopagrus australis*（Günther，1859）

俗　　名　腊鱼、乌格

英文名　Yellowfin Bream

分类地位　辐鳍鱼纲 Actinopterygii 鲈形目 Perciformes 鲷科 Sparidae 棘鲷属 *Acanthopagrus*

鉴定特征　体背斜直。吻短尖。上颌齿4行，下颌齿3行。侧线上鳞4.5行。臀鳍第二鳍棘粗长。体银灰色。胸鳍基部具一小黑点。胸鳍橙黄色，背鳍、尾鳍具黑缘，腹鳍、臀鳍黄色。

地理分布　在中国台湾海域和南海有分布。

生态习性　栖息于沿岸水域，摄食底栖藻类、有机碎屑、浮游生物、甲壳动物和小鱼。

经济价值　肉味鲜美，为食用经济鱼类。

濒危等级　无危（LC）。

131. 黄鳍棘鲷 *Acanthopagrus latus*（Houttuyn，1782）

俗　　名　黄翅、黄脚立

英 文 名　Yellowfin Seabream

分类地位　辐鳍鱼纲 Actinopterygii 鲈形目 Perciformes 鲷科 Sparidae 棘鲷属 *Acanthopagrus*

鉴定特征　侧线上鳞 4～5 行。侧线起点近主鳃盖骨上角处和胸鳍基部各有一黑斑点。鳃盖具黑色缘。体侧青黄色，每一鳞片中间有不显著的暗色斑点，这些斑点相连成 4～5 条纵纹。各鳍基底暗黄色。胸鳍、腹鳍、臀鳍和尾鳍下叶黄色。

地理分布　在中国东海、台湾海域和南海有分布。

生态习性　栖息于近海沙泥底质水域，摄食多毛类、甲壳动物、软体动物、棘皮动物及小鱼。

经济价值　肉味鲜美，为食用经济鱼类。

濒危等级　无危（LC）。

132. 太平洋棘鲷 *Acanthopagrus pacificus* Iwatsuki, Kume et Yoshino, 2010

俗　　名　乌翅、立鱼

英 文 名　Pacific Seabream

分类地位　辐鳍鱼纲 Actinopterygii 鲈形目 Perciformes 鲷科 Sparidae 棘鲷属 *Acanthopagrus*

鉴定特征　头背缘、眼前缘隆突，眼间隔宽且隆起。两颌前端具门齿状齿3 对，侧面有 3 ～ 5 行臼齿。侧线上鳞 4 行。背鳍与臀鳍的鳍棘强大且尖锐。胸鳍长，几乎达臀鳍中部。体灰褐色，腹部银灰色。胸鳍黄褐色，其余鳍黑色。

地理分布　在中国东海、台湾海域和南海有分布。

生态习性　栖息于近海沙泥底质水域，摄食藻类及小型底栖动物。

经济价值　肉味鲜美，为食用经济鱼类。

濒危等级　无危（LC）。

133. 黑棘鲷 *Acanthopagrus schlegelii*（Bleeker，1854）

俗　　名　黑格、黑加吉

英　文　名　Blackhead Seabream

分类地位　辐鳍鱼纲 Actinopterygii 鲈形目 Perciformes 鲷科 Sparidae 棘鲷属 *Acanthopagrus*

鉴定特征　眼上方不隆起。上、下颌前端各有圆锥齿 4～6 枚，上颌每侧有臼齿 4～5 行，下颌每侧有臼齿 3 行。体银灰色。体侧有许多不太明显的褐色横带。侧线起点靠近主鳃盖骨上角及胸鳍腋部各有一黑点。胸鳍肉色，有时充血变为橘红色。其余鳍灰褐色。

地理分布　在中国沿海均有分布。

生态习性　栖息于沙泥底质或多岩礁的近海，摄食多毛类、甲壳动物、软体动物及棘皮动物。

经济价值　肉味鲜美，为食用经济鱼类。

濒危等级　无危（LC）。

134. 细鳞鯻 *Terapon jarbua*（Forsskål, 1775）

俗　　名　花身鯻、海黄蜂

英 文 名　Jarbua Terapon

分类地位　辐鳍鱼纲 Actinopterygii 鲈形目 Perciformes 鯻科 Terapontidae 鯻属 *Terapon*

鉴定特征　绒毛状齿带外行齿扩大，略似犬齿状。前鳃盖骨后缘具锯齿。体背部淡青褐色，腹部银白色。体侧有 3 条弓形黑纵带，最下方一条由头部经尾柄中部伸达尾鳍后缘中间。背鳍鳍棘部有一大黑斑，鳍条部有 2～3 个小黑斑。尾鳍上、下叶有黑斜纹。

地理分布　在中国分布于东海、台湾海域和南海。

生态习性　栖息于沿岸浅海至咸淡水域，摄食甲壳动物和小鱼。

经济价值　为食用经济鱼类。

濒危等级　无危（LC）。

135. 齐氏非鲫 *Coptodon zillii*（Gervais，1848）

俗　　名　吉利慈鲷、福寿鱼、非洲鲫

英 文 名　Redbelly Tilapia

分类地位　辐鳍鱼纲 Actinopterygii 鲈形目 Perciformes 慈鲷科 Cichlidae 非鲫属 *Coptodon*

鉴定特征　体延长而侧扁,吻圆钝。上、下颌具梳状齿。背鳍极发达,其起点自鳃盖后缘上方向后达肛门上方。侧线分上、下两段,两段约于背鳍鳍条部下方重叠。体稍呈棕色,带彩虹色泽。口唇淡黄色。背鳍、臀鳍、尾鳍均具黄斑。

地理分布　原产于非洲和中东,自 1978 年从泰国引进后迅速扩散到中国南方各水系,包括沿岸水域。

生态习性　常栖息于有植被覆盖的浅水域,以叶子及茎、藻类和有机碎屑为食。环境适应性强,繁殖能力极强,生长迅速,凶猛好斗,已成为危害最大的外来入侵鱼类。

经济价值　为食用经济鱼类。

濒危等级　无危（LC）。

136. 尼罗罗非鱼 *Oreochromis niloticus*（Linnaeus，1758）

俗　　名　尼罗非鲫、尼罗口孵鱼

英 文 名　Nile Tilapia

分类地位　辐鳍鱼纲 Actinopterygii 鲈形目 Perciformes 慈鲷科 Cichlidae 罗非鱼属 *Oreochromis*

鉴定特征　体侧面观呈椭圆形，侧扁。吻短而钝，口斜裂，开口于吻端下缘。体侧棕色，背部暗绿色，腹部银白色。鳃盖具一黑斑。背鳍、臀鳍鳍条部有许多褐色条纹。尾鳍有竖直条纹。

地理分布　原产于非洲尼罗河水系，自 1978 年引进后逐渐扩散至中国各内陆及沿海养殖水域。

生态习性　适应于多种淡水环境、河口及沿岸海水环境，以浮游植物或底栖藻类为食。适生能力强，生长迅速，繁殖力强，对中国本土鱼类资源及种群威胁很大。

经济价值　肉细嫩，味道鲜美，为重要的食用经济鱼类。

濒危等级　无危（LC）。

137. 六带拟鲈 *Parapercis sexfasciata*（Temminck et Schlegel，1843）

俗　名　沙鲈

英 文 名　Grub Fish

分类地位　辐鳍鱼纲 Actinopterygii 鲈形目 Perciformes 拟鲈科 Pinguipedidae 拟鲈属 *Parapercis*

鉴定特征　两颌具绒毛状齿群。体棕红色，腹部色淡。体侧上半部有5～6个暗色 V 形斑纹。头侧和吻部具数条黄色斜纹。眼下方具1条暗色竖直带。胸鳍基部具黑斑。尾鳍基部上方有1个带白边的黑圆斑。尾鳍具4～5条黄褐色横纹。

地理分布　在中国分布于东海、台湾海域和南海。

生态习性　栖息于沙泥底质的浅海，摄食底栖生物。

经济价值　食用价值不高。

濒危等级　未予评估（NE）。

138. 沙氏䲗 *Callionymus schaapii* Bleeker，1852

俗　　名　沙氏斜棘䲗

英 文 名　Short-Snout Sand-Dragonet

分类地位　辐鳍鱼纲 Actinopterygii 鲈形目 Perciformes 䲗科 Callionymidae 䲗属 *Callionymus*

鉴定特征　前鳃盖骨棘为尖棘状，末端稍向上弯曲成小钩状。体无鳞。侧线 1 条，从眼部延伸至尾鳍中央第三分支鳍条的末端。体灰黄色或棕色。体侧通常具黑点。胸鳍基部具一黑斑，鳍膜上有小黑斑。尾鳍白色或半透明，上半部有成列的黑斑，下半部鳍缘暗色。

地理分布　在中国分布于东海、台湾海域和南海。

生态习性　栖息于近岸沙泥底质水域，有时进入河口和红树林，摄食底栖动物。

经济价值　食用价值不高。

濒危等级　未予评估（NE）。

139. 褐篮子鱼 *Siganus fuscescens*（Houttuyn，1782）

俗　　名　臭肚、茄冬仔

英文名　Mottled Spinefoot

分类地位　辐鳍鱼纲 Actinopterygii 鲈形目 Perciformes 篮子鱼科 Siganidae 篮子鱼属 *Siganus*

鉴定特征　体侧上部为褐绿色，下部为银白色，具稀疏小黑点或云状斑块。鳃盖后上方有一黑斑。体被小圆鳞，背鳍中部鳍棘与侧线间有鳞 25～30 行。尾鳍在幼鱼时期呈浅凹形，成鱼则呈浅叉形。受惊吓时，体色变成暗棕色、灰棕色和白色交杂。

地理分布　在中国分布于东海、台湾海域和南海。

生态习性　栖息于平坦底质的浅水域或珊瑚礁区，以绿藻或小型甲壳动物为食。

经济价值　为重要的食用经济鱼类。

濒危等级　无危（LC）。

140. 鲐 *Scomber japonicus* Houttuyn，1782

俗　　名　日本鲭、青占鱼

英 文 名　Chub Mackerel

分类地位　辐鳍鱼纲 Actinopterygii 鲈形目 Perciformes 鲭科 Scombridae 鲭属 *Scomber*

鉴定特征　眼大，具发达脂眼睑。两颌各具 1 列细小牙。鳃耙细密。两个背鳍距离较远。臀鳍与第二背鳍同形，其后各具 5 枚小鳍。体青绿色，有细密而明显的波状纹。腹部银白色，腹侧无小暗色斑。背鳍、胸鳍和尾鳍黄褐色。

地理分布　在中国沿海均有分布。

生态习性　栖息于水深 200 m 以浅的近海及外海，摄食小鱼及浮游动物。

经济价值　为食用经济鱼类。

濒危等级　无危（LC）。

141. 银鲳 *Pampus argenteus*（Euphrasen，1788）

俗　　名　白鲳、镜鱼

英 文 名　Silver Pomfret

分类地位　辐鳍鱼纲 Actinopterygii 鲈形目 Perciformes 鲳科 Stromateidae 鲳属 *Scomber*

鉴定特征　体侧面观呈卵圆形，银白色。上、下颌各具 1 行细齿，每齿具 3 峰，排列紧密。头部后上方具发达侧线管。成鱼腹鳍消失，鳍刺很短。背鳍与臀鳍同形，呈镰刀状，前部长鳍条压倒时不达尾鳍基。尾鳍叉形，下叶长于上叶。各鳍边缘略带黄色及墨色。

地理分布　在中国沿海均有分布。

生态习性　栖息于沿岸沙泥底水域，摄食浮游动物等。

经济价值　肉质佳，味鲜美，为名贵的食用经济鱼类。

濒危等级　未予评估（NE）。

142. 乌塘鳢 *Bostrychus sinensis* Lacepède，1801

俗　　名　中华乌塘鳢、汶鱼

英 文 名　Four-Eyed Sleeper

分类地位　辐鳍鱼纲 Actinopterygii 鲈形目 Perciformes 塘鳢科 Eleotridae 乌塘鳢属 *Bostrychus*

鉴定特征　上、下颌齿细尖，多行。无侧线。左、右腹鳍相互靠近，不愈合成吸盘，尾鳍后缘圆弧形。体灰褐色。第一背鳍中间有 1 条淡色纵带，第二背鳍有 6 ～ 7 条褐色纵带。尾鳍有多条暗色横纹，基部上方具一眼状大黑斑。

地理分布　在中国分布于东海、台湾海域和南海。

生态习性　栖息于半咸淡水的中低潮区及红树林区的潮沟，摄食小鱼、虾蟹、水生昆虫和软体动物。

经济价值　肉细嫩，味鲜美，为重要的食用经济鱼类。

濒危等级　无危（LC）。

143. 嵴塘鳢 *Butis butis*（Hamilton，1822）

俗　名　黑咕噜

英 文 名　Duckbill Sleeper

分类地位　辐鳍鱼纲 Actinopterygii 鲈形目 Perciformes 塘鳢科 Eleotridae 嵴塘鳢属 *Butis*

鉴定特征　头部平扁，略尖长。吻细长，平扁，吻长为眼径的 2 倍余。下颌向前突出。眼上方骨质嵴发达，嵴缘有小锯齿。两眼间隔区及前鳃盖骨有鳞片。左、右腹鳍相互靠近，不愈合成吸盘，尾鳍后缘圆弧形。胸鳍具橘色斑点。

地理分布　在中国分布于东海、台湾海域和南海。

生态习性　栖息于沙泥底质的近海，摄食小鱼及甲壳动物。

经济价值　无食用价值。

濒危等级　无危（LC）。

144. 锯嵴塘鳢 *Butis koilomatodon*（Bleeker，1849）

俗　　名　黑咕噜、锯塘鳢

英 文 名　Mud Sleeper

分类地位　辐鳍鱼纲 Actinopterygii 鲈形目 Perciformes 塘鳢科 Eleotridae 嵴塘鳢属 *Butis*

鉴定特征　头部略呈圆柱形，短而粗壮。吻稍短，圆钝，吻长等于或稍大于眼径。上、下颌约等长。左、右腹鳍相互靠近，不愈合成吸盘。尾鳍长圆形。体棕褐色。眼下方及眼后下方常具有 2 ～ 3 条辐射状灰黑条纹。体侧有 6 条暗色横带，有时横带不明显。

地理分布　在中国分布于东海、台湾海域和南海。

生态习性　栖息于河口、红树林湿地或沿海的沙泥底质中，摄食小鱼及甲壳动物。

经济价值　无食用价值。

濒危等级　无危（LC）。

145. 犬牙细棘虾虎鱼 *Acentrogobius caninus* Valenciennes，1837

俗　　名　　跳仔、铃闹仔

英 文 名　　Tropical Sand Goby

分类地位　　辐鳍鱼纲 Actinopterygii 鲈形目 Perciformes 虾虎鱼科 Gobiidae 细棘虾虎鱼属 *Acentrogobius*

鉴定特征　　口大，唇厚，舌游离。上、下颌前半部具多行细牙，外行牙较大，下颌外行最后 2 枚牙为犬齿。左、右腹鳍愈合成一吸盘。体黄褐色，散布着绿色荧光斑点。体侧和背侧各具 5 个暗斑。胸鳍基部上方有一带蓝绿色金属光泽的暗斑。

地理分布　　在中国分布于东海、台湾海域和南海。

生态习性　　广盐性，栖息于沿岸水域，摄食小鱼、牡蛎等无脊椎动物。喜独居，常昼伏夜出。

经济价值　　无食用价值。

濒危等级　　无危（LC）。

146. 青斑细棘虾虎鱼 *Acentrogobius viridipunctatus*（Valenciennes，1837）

俗　　名　珠虾虎鱼、铃闹仔

英 文 名　Spotted Green Goby

分类地位　辐鳍鱼纲 Actinopterygii 鲈形目 Perciformes 虾虎鱼科 Gobiidae 细棘虾虎鱼属 *Acentrogobius*

鉴定特征　背鳍前鳞数为30～37。鳃盖上部被小圆鳞。鳞片多具小亮斑。第一背鳍鳍条不呈丝状延长。左右腹鳍愈合。体黑绿色，体侧具5个大暗斑，排列成1纵列。背侧具不明显的暗斑，后部有蓝绿色小斑点。头部眼下方至前鳃盖骨有一斜行黑带，口裂后缘的后方具一椭圆形黑斑。

地理分布　在中国分布于东海、台湾海域和南海。

生态习性　栖息在近岸水域（包括半咸淡水的河口区及内湾）的沙泥底质中，以小鱼、甲壳动物等动物为食。

经济价值　无食用价值。

濒危等级　无危（LC）。

147. 短吻缰虾虎鱼 *Amoya brevirostris*（Günther，1861）

俗　　名　短吻栉虾虎鱼

英　文　名　Goby

分类地位　辐鳍鱼纲 Actinopterygii 鲈形目 Perciformes 虾虎鱼科 Gobiidae 缰虾虎鱼属 *Amoya*

鉴定特征　头部短小，圆钝。体前部近圆柱形，后部侧扁。无侧线。纵列鳞数为 46 ~ 50，横列鳞数为 15 ~ 16。背鳍第二鳍棘延长，呈丝状。左、右腹鳍愈合成一吸盘。体淡褐色，体侧正中有 1 条暗色纵带。臀鳍边缘及腹鳍均呈淡灰色。

地理分布　分布于中国东海和南海，为中国特有种。

生态习性　为暖水性底层小型鱼类。

经济价值　无食用价值。

濒危等级　未予评估（NE）。

148. 绿斑缰虾虎鱼 *Amoya chlorostigmatoides*（Bleeker，1849）

俗　　名　短吻栉虾虎鱼

英 文 名　Greenspot Goby

分类地位　辐鳍鱼纲 Actinopterygii 鲈形目 Perciformes 虾虎鱼科 Gobiidae 缰虾虎鱼属 *Amoya*

鉴定特征　体灰色，背部深色，腹部色淡。体腹侧下方有 3～4 行鳞片，每一鳞片各有一褐色小斑点，形成 3～4 纵行点列。第二背鳍与尾鳍均有暗色小点，尾鳍基部上方有一大暗斑。鳃盖上方肩胛部有一蓝斑。

地理分布　在中国分布于台湾海域和南海。

生态习性　栖息于沿岸水域（包括半咸淡水的河口区），摄食小虾、蟹等无脊椎动物及小鱼。

经济价值　无食用价值。

濒危等级　未予评估（NE）。

149. 斑纹舌虾虎鱼 *Glossogobius olivaceus*（Temminck et Schlegel，1845）

俗　　名　项斑舌虾虎鱼、点带叉舌虾虎

英 文 名　Goby

分类地位　辐鳍鱼纲 Actinopterygii 鲈形目 Perciformes 虾虎鱼科 Gobiidae 舌虾虎鱼属 *Glossogobius*

鉴定特征　体棕黄色，背部深色。背侧有 4～5 个灰色宽横斑。眼后项部有 4 群小黑斑，列成 2 横行；在背鳍前方附近有 2 横行黑点，有的个体斑点分散成数个小群。背鳍、胸鳍和尾鳍均有许多不规则黑色点纹。胸鳍基部具 2 个灰黑色斑。尾柄基部有一三角形黑斑。

地理分布　在中国分布于东海、台湾海域和南海。

生态习性　栖息于河口咸淡水区及江河下游，也见于红树林等地，摄食虾类和幼鱼。

经济价值　为食用经济鱼类。

濒危等级　无危（LC）。

150. 弹涂鱼 *Periophthalmus modestus* Cantor，1842

英　文　名　Shuttles Hoppfish

分类地位　辐鳍鱼纲 Actinopterygii 鲈形目 Perciformes 虾虎鱼科 Gobiidae 弹涂鱼属 *Periophthalmus*

鉴定特征　左、右腹鳍愈合，具膜盖及愈合膜。体淡棕色，头侧无珠状细点。体侧中央具若干个褐色小斑。第一背鳍淡褐色，边缘白色。第二背鳍上缘色淡，中部具一黑色纵带，此黑色纵带下缘具一白色纵带。尾鳍褐色，鳍条具暗斑。

地理分布　在中国分布于东海、台湾海域和南海。

生态习性　栖息于底质为淤泥、泥沙的高潮区和半咸淡水的河口区，摄食浮游动物及底栖硅藻。

经济价值　为食用经济鱼类。

濒危等级　未予评估（NE）。

151. 青弹涂鱼 *Scartelaos histophorus*（Valenciennes，1837）

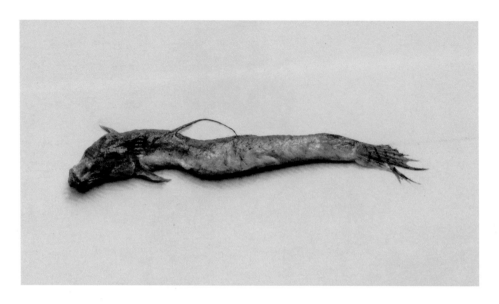

俗　　名　花跳

英 文 名　Walking Goby

分类地位　辐鳍鱼纲 Actinopterygii 鲈形目 Perciformes 虾虎鱼科 Gobiidae 青弹涂鱼属 *Scartelaos*

鉴定特征　体蓝灰色，腹部色淡。体侧常具 5～7 条黑色狭横带，头背和体上部具黑色小点。颊部和鳃盖上无黄色横纹。第一背鳍蓝灰色，端部黑色；第二背鳍暗色，具小蓝点。胸鳍鳍条部和基部具蓝点。尾鳍尖长，具 4～5 条暗蓝色点横纹。

地理分布　在中国分布于东海和南海。

生态习性　栖息于沿岸河口区或红树林的半咸淡水域，摄食硅藻、有机碎屑及底栖无脊椎动物。

经济价值　可食用，味美。

濒危等级　无危（LC）。

152. 须鳗虾虎鱼 *Taenioides cirratus* Blyth，1860

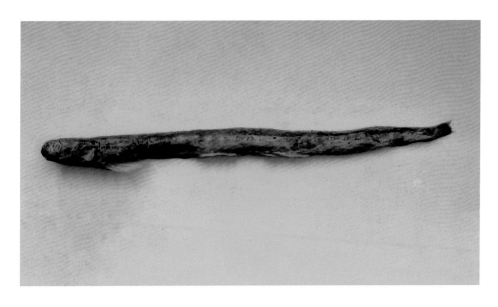

俗　　名　须拟虾虎鱼、灰盲条鱼

英 文 名　Bearded Worm Goby

分类地位　辐鳍鱼纲 Actinopterygii 鲈形目 Perciformes 虾虎鱼科 Gobiidae 鳗虾虎鱼属 *Taenioides*

鉴定特征　体很延长，呈鳗形。下颌缝合部后方无犬齿。口裂几乎垂直。头长明显小于腹鳍基部后缘至肛门的距离。背鳍和臀鳍后端各有一缺刻，不与尾鳍相连。胸鳍短小。体红色，带蓝灰色；腹部色淡。尾鳍黑色，其余鳍灰色。

地理分布　在中国分布于东海、台湾海域和南海。

生态习性　栖息于红树林湿地、河口咸淡水区及近海泥质滩涂，摄食有机碎屑、小鱼、虾等。

经济价值　无食用价值。

濒危等级　数据缺乏（DD）。

153. 纹缟虾虎鱼 *Tridentiger trigonocephalus*（Gill，1859）

俗　　名　条纹三叉虾虎鱼、缟虾虎

英文名　Chameleon Goby

分类地位　辐鳍鱼纲 Actinopterygii 鲈形目 Perciformes 虾虎鱼科 Gobiidae 缟虾虎鱼属 *Tridentiger*

鉴定特征　头顶部的感觉管孔较大,孔径大于后鼻孔径的 1/2。体灰褐色。体侧常有 2 条黑褐色纵带。头侧散布白色圆点,腹面无白色小圆斑。胸鳍最上方鳍条游离。臀鳍灰黑色,边缘色淡,鲜活时臀鳍具 2 条红色纵带,中间具 1 条白色纵带。

地理分布　在中国沿海均有分布。

生态习性　栖息于近岸浅水处(包括河口咸淡水区),摄食小鱼、钩虾、桡足类、枝角类等。

经济价值　可食用。

濒危等级　无危(LC)。

154. 孔虾虎鱼 *Trypauchen vagina* Bloch et Schneider, 1801

俗　　名　赤九、红条

英 文 名　Burrowing Goby

分类地位　辐鳍鱼纲 Actinopterygii 鲈形目 Perciformes 虾虎鱼科 Gobiidae 孔虾虎鱼属 *Trypauchen*

鉴定特征　头后中央具一棱状嵴,嵴边缘光滑。上、下颌各具 2～3 行齿,外行齿稍扩大,排列稀疏。体被圆鳞。无侧线,纵列鳞数为 73～80。腹鳍完全愈合成完整的盘状,后缘呈圆弧形。体红褐色或紫红色,各鳍颜色近体色。

地理分布　在中国分布于东海、台湾海域和南海。

生态习性　常生活于咸淡水的泥涂中,也栖息于水深 20 m 处,摄食底栖硅藻和无脊椎动物。

经济价值　可供鲜食、腌制或制成咸干品。

濒危等级　无危(LC)。

155. 双线舌鳎 *Cynoglossus bilineatus*（Lacepède，1802）

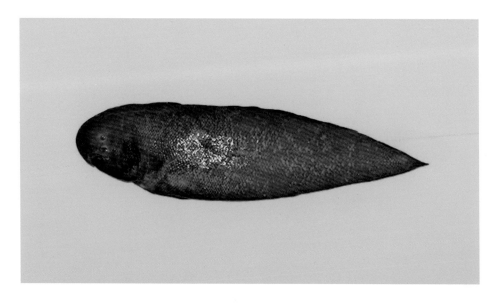

俗　　名　狗舌、皇帝鱼

英 文 名　Fourlined Tonguesole

分类地位　辐鳍鱼纲 Actinopterygii 鲽形目 Pleuronectiformes 舌鳎科 Cynoglossidae 舌鳎属 *Cynoglossus*

鉴定特征　体长舌形，尾鳍尖形，无胸鳍。两眼均位于头左侧。眼侧唇缘无触须或穗状物。有眼侧体被栉鳞，盲侧被圆鳞，两侧均有 2 条侧线。有眼侧体为淡黄褐色，盲侧体白色。鳃盖处具一暗色区域，口角缘近于鳃盖后缘。尾鳍常具 3～4 条褐色细纵纹。

地理分布　在中国分布于东海、台湾海域和南海。

生态习性　栖息于近海大陆架的泥沙底质水域，摄食甲壳动物和多毛类。

经济价值　为重要的食用经济鱼类。

濒危等级　无危（LC）。

156. 斑头舌鳎 *Cynoglossus puncticeps*（Richardson，1846）

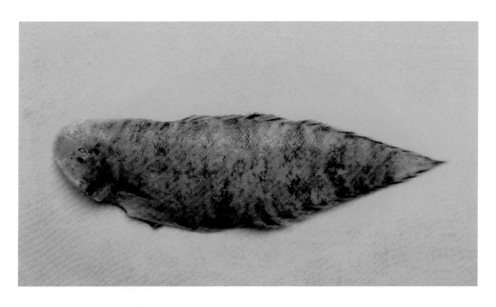

俗　　名　牛舌、皇帝鱼

英 文 名　Speckled Tonguesole

分 类 地 位　辐鳍鱼纲 Actinopterygii 鲽形目 Pleuronectiformes 舌鳎科 Cynoglossidae 舌鳎属 *Cynoglossus*

鉴定特征　体长舌状。两眼位于头左侧。无鳃耙。有眼侧有 2 条侧线，盲侧无侧线。无胸鳍。腹鳍只有左腹鳍。有眼侧体黄褐色，散布有许多不规则的黑褐色横斑。各鳍黄褐色，奇鳍鳍膜上有褐色细纹。盲侧体色淡。

地理分布　在中国分布于东海、台湾海域和南海。

生态习性　栖息于较浅的泥沙底质海域，有时进入河口区，以底栖无脊椎动物为食。

经济价值　可食用。

濒危等级　无危（LC）。

157. 东方宽箬鳎 *Brachirus orientalis*（Bloch et Schneider，1801）

俗　　名　龙舌、鳎沙

英 文 名　Oriental Sole

分类地位　辐鳍鱼纲 Actinopterygii 鲽形目 Pleuronectiformes 鳎科 Soleidae 箬鳎属 *Brachirus*

鉴定特征　两眼均位于头右侧。两侧均具黑褐色胸鳍，右胸鳍较长。背鳍和臀鳍鳍条大多分支，与尾鳍相连。尾鳍圆钝。右侧鳞大小约相等。有眼侧体灰褐色，散布很多小黑点。盲侧体淡黄白色。沿体背、腹缘及侧线各有 1 列灰黑色云状斑。

地理分布　在中国分布于东海、台湾海域和南海。

生态习性　栖息于较浅的泥沙底质海域，有时进入河口区或淡水，以小型底栖甲壳动物为食。

经济价值　为食用经济鱼类。

濒危等级　无危（LC）。

158. 卵鳎 *Solea ovata* Richardson，1846

俗　　名　龙舌、比目鱼

英 文 名　Ovate Sole

分类地位　辐鳍鱼纲 Actinopterygii 鲽形目 Pleuronectiformes 鳎科 Soleidae 鳎属 *Solea*

鉴定特征　两眼均位于头右侧。体两侧被小栉鳞，侧线鳞为圆鳞。有眼侧体为褐色，密布褐色不规则斑纹，并有许多黑色斑点，沿背缘、侧线及腹鳍各有几个稍大的暗色斑点。奇鳍褐色，有暗色斑纹。右胸鳍后部黑色。盲侧体及鳍色淡。

地理分布　在中国分布于东海、台湾海域和南海。

生态习性　栖息于较浅的沙泥底质海域，以底栖小型甲壳动物为食。

经济价值　个体小，经济价值不高。

濒危等级　无危（LC）。

159. 蛾眉条鳎 *Zebrias quagga* (Kaup, 1858)

俗　　名　龙舌、条鳎

英 文 名　Fringefin Zebra Sole

分类地位　辐鳍鱼纲 Actinopterygii 鲽形目 Pleuronectiformes 鳎科 Soleidae 条鳎属 *Zebrias*

鉴定特征　两眼均位于头右侧。眉部各有1个黑褐色触角状的皮质突起。有眼侧体淡褐色,有11条深褐色横带,横带间距小于横带宽,横带上下端深入背鳍和臀鳍内。尾鳍灰黑色,常有4个带黄缘的黑斑。盲侧体白色或淡黄色。

地理分布　在中国分布于台湾海域和南海。

生态习性　栖息于较浅的泥沙底质海域,以底栖小型甲壳动物为食。

经济价值　个体小,经济价值不高。

濒危等级　无危(LC)。

160. 中华单角鲀 *Monacanthus chinensis*（Osbeck，1765）

俗　　名　剥皮鱼、单棘鲀

英 文 名　Fan-Bellied Leatherjacket

分类地位　辐鳍鱼纲 Actinopterygii 鲀形目 Tetraodontiformes 单角鲀科 Monacanthidae 单角鲀属 *Monacanthus*

鉴定特征　鳞大，中央具一强棘。体淡褐色，具由深褐色斑点构成大块横斑。第一背鳍棘强，位于眼中央上方，棘侧具 4～6 个向下弯曲的小棘。背鳍鳍条部与臀鳍透明，具黑细线形成的网纹。腹鳍膜极大。臀鳍基部前后各有一暗斑。尾鳍具多条暗色细横纹，最上鳍条可能延长。

地理分布　在中国分布于东海、台湾海域和南海。

生态习性　栖息于沿岸、近海礁区或河口水域，以藻类、小型甲壳动物及小鱼等为食。

经济价值　食用经济价值不高。

濒危等级　无危（LC）。

161. 三刺鲀 *Triacanthus biaculeatus*（Bloch，1786）

俗　　名　短吻三刺鲀、双棘三刺鲀

英 文 名　Short-Nosed Tripodfish

分类地位　辐鳍鱼纲 Actinopterygii 鲀形目 Tetraodontiformes 三刺鲀科 Triacanthidae 三刺鲀属 *Triacanthus*

鉴定特征　头部被粗糙小鳞，鳞面具近"十"字形的低嵴棱，棱上有许多绒状小刺。体背部淡灰色，腹部银白色。第一背鳍黑色，基底下方体背部具一黑斑，胸鳍基底上端常有一黑色腋斑。其余鳍黄色。

地理分布　在中国沿海均有分布。

生态习性　为近海底层鱼类，摄食甲壳动物和软体动物。

经济价值　可鲜食或腌制，内脏有弱碱毒。

濒危等级　未予评估（NE）。

162. 星点东方鲀 *Takifugu niphobles*（**Jordan et Snyder**, **1901**）

俗　　名　廷巴鱼、气鼓鱼

英 文 名　Grass Puffer

分 类 地 位　辐鳍鱼纲 Actinopterygii 鲀形目 Tetraodontiformes 鲀科 Tetraodontidae 东方鲀属 *Takifugu*

鉴定特征　体侧下缘两侧各有 1 纵行皮褶。无腹鳍。体草绿色或褐绿色，腹部乳白色。背部散布乳白色小斑点。体侧皮褶浅黄色。胸鳍后上方有一黑斑，左右胸斑靠背面有黑褐色横纹相连。背鳍基部具一大黑斑。背鳍、胸鳍和尾鳍黄色，尾鳍后缘橙黄色。臀鳍淡黄色。

地理分布　在中国沿海均有分布。

生态习性　栖息于沿海海藻丛生的环境，以软体动物、多毛类、甲壳动物、小鱼等为食。

濒危等级　无危（LC）。

为有毒鱼类，不可食用。

参 考 文 献

蔡立哲.深圳湾底栖动物生态学［M］.厦门:厦门大学出版社,2015.

陈大纲,张美昭.中国海洋鱼类［M］.青岛:中国海洋大学出版社,2015.

陈宝国,梁沛文,等.南海海洋鱼类原色图谱(一)［M］.北京:科学出版社,
　　2016.

陈宝国,梁沛文,曾雷,等.南海海洋鱼类原色图谱(二)［M］.北京:科学出
　　版社,2019.

戴爱云,杨思谅,宋玉枝,等.中国海洋蟹类［M］.北京:海洋出版社,1986.

冯尔辉,梁伟诺,胡亮,等.海南东寨港国家级自然保护区潮间带蟹类(十足
　　目:短尾下目)物种多样性［J］.生物多样性,2023,31(9):23-30.

广东湛江红树林国家级自然保护区管理局,保护国际基金会.广东湛江红
　　树林国家级自然保护区综合科学考察报告［M］.广州:广东教育出版
　　社,2019.

李新正,甘志彬.中国近海底栖动物分类体系［M］.北京:科学出版社,
　　2022..

刘敏,陈骁,杨圣云.中国福建南部海洋鱼类图鉴(第一卷)［M］.北京:海
　　洋出版社,2013.

刘敏,陈骁,杨圣云.中国福建南部海洋鱼类图鉴(第二卷)［M］.北京:海
　　洋出版社,2014.

刘静.中国动物志:硬骨鱼纲:鲈形目(四)［M］.北京:科学出版社,2016.

刘静,吴仁协,康斌,等.北部湾鱼类图鉴［M］.北京:科学出版社,2016.

刘瑞玉.中国海洋生物名录［M］.北京:科学出版社,2008.

邵广昭.台湾鱼类资料库［DB/OL］.［2024-03-13］.http://fishdb.sinica.
　　edu.tw.

沈世杰,吴高逸.台湾鱼类图鉴［M］.屏东:海洋生物博物馆,2011.

苏永全,王军,戴天元,等.台湾海峡常见鱼类图谱［M］.厦门:厦门大学出
　　版社,2011.

宋海棠,俞存根,薛利建,等. 东海经济虾蟹类 [M]. 北京:海洋出版社,
　　2006.

孙典荣,陈铮. 南海鱼类检索(上册) [M]. 北京:海洋出版社,2013.

魏建功,曲学存. 中国常见海洋生物原色图典:软体动物 [M]. 青岛:中国
　　海洋大学出版社,2019.

魏建功,李新正. 中国常见海洋生物原色图典:节肢动物 [M]. 青岛:中国
　　海洋大学出版社,2019.

生物多样性研究中心软体动物学研究室. 台湾贝类资料库 [DB/OL].
　　[2022-9-13]. https://shell. sinica. edu. tw.

伍汉霖,钟俊生. 中国动物志:硬骨鱼纲:鲈形目(五)虾虎鱼亚目 [M]. 北
　　京:科学出版社,2008.

伍汉霖,钟俊生. 中国海洋及河口鱼类系统检索 [M]. 北京:中国农业出版
　　社,2021.

吴仁协,梁振邦,罗晓霞,等. 海洋无脊椎动物学实验 [M]. 北京:中国农业
　　出版社,2023.

吴仁协,梁振邦,牛素芳,等. 鱼类学实验 [M]. 厦门:厦门大学出版社,
　　2023.

徐凤山,张素萍. 中国海产双壳类图志 [M]. 北京:科学出版社,2008.

杨文,蔡英亚,邝雪梅. 中国南海经济贝类原色图谱 [M]. 北京:中国农业
　　出版社,2013.

张素萍,张均龙,陈志云,等. 黄渤海软体动物图志 [M]. 北京:科学出版社,
　　2016.

庄启谦. 中国近海中带蛤科的研究 [J]. 海洋科学集刊,1978,14:69-73.

FROESE R, PAULY D. FishBase[DB/OL]. [2024-8-20]. https://www.
　　fishbase. org.

FRICKE R, ESCHMEYER W N, VAN DER LAAN R. Eschmeyer's Catalog of Fishes:
　　Genera, Species, References[EB/OL]. [2024-9-10]. http://researcharchive.
　　calacademy. org/research/ichthyology/catalog/fishcatmain. asp.

GBIF Secretariat. The Global Biodiversity Information Facility[DB/OL]. [2024-
　　9-10]. https://www. gbif. org.

WoRMS Editorial Board. World Register of Marine Species[DB/OL]. [2024-9-
　　10]. https://www. marinespecies. org.

中文名索引

学 名 索 引